气候变化风险、适应与碳中和

从科学到决策

何霄嘉　著

U0296597

科学出版社

北京

内 容 简 介

本书以气候变化风险、适应与碳中和为主题，聚焦碳达峰碳中和目标对适应气候变化研究提出的新需求，按照气候变化响应机制–气候风险评估模型–适应气候变化路径的研究脉络，将基于风险评估的适应气候变化理论与决策研究最新成果进行集成和创新，全面系统地呈现气候变化风险和适应气候变化研究的理论、观点、工具和案例，体现了从科学到决策的全链条创新的逻辑思路。其中，科学基础层面内容包括气候变化影响与作用机制研究和气候变化风险评估理论；决策支撑层面的内容包括适应气候变化决策路径，以及气候变化风险、适应与碳中和的对策建议。

本书适合各类高等院校气候、环境、管理、经济、地理等相关专业师生参考阅读，还可供相关行业和地方的管理和决策部门使用。

审图号：GS 京 (2023) 1675 号

图书在版编目 (CIP) 数据

气候变化风险、适应与碳中和：从科学到决策 / 何霄嘉著. —北京：科学出版社，2023.9
ISBN 978-7-03-075977-1

Ⅰ. ①气… Ⅱ. ①何… Ⅲ. ①气候变化–影响–二氧化碳–节能减排–研究 Ⅳ. ①X511

中国国家版本馆 CIP 数据核字（2023）第 125518 号

责任编辑：王 倩 / 责任校对：樊雅琼
责任印制：吴兆东 / 封面设计：无极书装

科学出版社 出版
北京东黄城根北街 16 号
邮政编码：100717
http://www.sciencep.com
北京建宏印刷有限公司印刷
科学出版社发行 各地新华书店经销
*
2023 年 9 月第 一 版 开本：720×1000 1/16
2024 年 6 月第二次印刷 印张：12
字数：250 000
定价：158.00 元
（如有印装质量问题，我社负责调换）

序

全球气候变化是人类面临的共同挑战。根据联合国政府间气候变化专门委员会第六次评估报告，人类活动毋庸置疑导致了全球变暖，2011～2020年全球地表温度比1850～1900年升高了1.09℃。气候变化已经对生态系统结构、物种地理范围、水与粮食、健康与生计、城市基础设施等产生了广泛的不利影响。目前，全球33亿～36亿人生活在气候变化高脆弱区，物种中50%正在向极地和高海拔迁移，1/4的自然土地面临着更长的火灾季节，一半的人口面临着严重缺水问题。未来随着气温升高，低海拔沿岸、陆地和海洋生态系统、关键基础设施、生活标准、粮食生产、水资源等面临的气候变化风险将不断加剧。

适应气候变化是应对气候变化的重要组成。应对气候变化不仅需要减少温室气体排放，也需要主动采取适应措施，对气候实际或预期产生的影响进行调整，以利用有利的机会或减轻气候变化带来的损害。以各国当前采取的减排对策为基础进行预测，到21世纪末气温将较工业革命前上升2.8℃。由于地球系统的迟滞效应，气候变化的影响和风险在相当长时间内仍将持续，亟须开展适应气候变化行动。目前，全球已至少有170个国家将适应行动纳入其气候政策和规划进程，主要涉及陆地、海洋与生态系统，城乡与基础设施系统，能源系统以及交叉系统等四大领域。海岸防护与硬化、改良的农田管理、灾害风险管理等多项适应措施已经在降低气候风险、提高农业生产力、增强人类健康和福祉等方面发挥了积极作用。

我国适应气候变化需求迫切、任务繁重。提升适应气候变化能力是我国国民经济和社会发展规划的重要内容，将成为推进生态文明建设、实现高质量发展的重要抓手。有效的适应措施有助于巩固减排成果，缓解气候变化风险对发展成就的限制，为碳达峰碳中和目标实现提供有力支撑。然而，我国人口众多、气候条件复杂、生态环境脆弱，受气候变化不利影响更为显著。气候变化已经对我国粮食安全、水安全、生态安全、能源安全、基础设施安全以及人民生命财产安全等构成了长期的重大威胁。当前，全社会适应气候变化的意识还普遍薄弱，气候变化风险和适应方向研究基础亟待加强，适应气候变化任务仍然十分艰巨。

该书面向实现碳达峰碳中和目标的国家重大战略需求，面向气候变化风险评估与适应机制的国际科学前沿，以"气候变化风险、适应与碳中和"为主题，以"气候响应机制—气候风险评估模型—适应气候变化路径"为主线，揭示了多尺度区域、多要素过程对气候变化响应的机制，构建了气候变化风险评估模型和技术体系，提出了气候变化风险、适应气候变化路径与碳中和的对策建议。该书有三个突出特点：一是将气候变化风险作为打通气候影响与适应决策链接的关键环节，形成了基于风险评估开展适应气候变化理论与决策研究的新范式；二是内容涵盖规律机理、模型方法和战略政策，体现了从"科学"到"决策"的全链条创新特色；三是发展了气候风险定量评估的理论和方法，丰富了适应的研究和决策案例，既是一部高水平的学术专著，也可在教学和科普等实践中广泛应用。

相信该书的有关结论将为我国推进碳达峰碳中和目标实现提供决策支撑，为我国开展适应气候变化行动提供科学依据，也为我国相关学科发展和专业人才培养提供理论支持。

国家应对气候变化专家委员会名誉主任

科学技术部原副部长

刘燕华

2023 年 9 月

前　言

全球气候变化对社会经济发展和生态环境造成的风险不断凸显。世界气象组织 2023 年发布数据表明，1970～2021 年，极端天气、气候和水事件引起的灾害达到 11778 起，造成超过 200 万人死亡，经济损失达 4.3 万亿美元。21 世纪以来，我国因气象灾害导致的直接经济损失年均超过 3000 亿元，占国内生产总值比例接近 1%，是同期全球平均水平的 4 倍多。2023 年入夏以来，欧洲、北美洲、亚洲等多个区域高温纪录被刷新，给人体健康、工农业生产和经济活动带来严重冲击。2023 年 7 月 6 日，全球平均气温为 17.23℃，或将成为 12.5 万年以来"地球最热的一天"，而 2023 年将有可能成为有记录以来最热一年。2023 年 7 月 29 日至 8 月 2 日，受台风"杜苏芮"影响，我国京津冀地区出现一轮历史罕见极端暴雨过程。截至 8 月 10 日，河北省 388.86 万人遭受洪涝灾害，全省直接经济损失 958.11 亿元。

适应气候变化可以有效降低气候变化风险。世界主要国家加紧适应气候变化战略部署，并将适应气候变化行动与气候风险管理在政策和机制中进行统筹。联合国政府间气候变化专门委员会第六次评估报告显示，海岸防护与硬化、改良的农田管理、灾害风险管理等 23 项适应措施，在降低陆地和海洋生态系统、关键基础设施、生活标准、粮食安全、水安全等 8 大类关键风险以及交叉风险过程中有积极作用。针对某种气候风险，适应气候变化主要通过技术、政策和战略等措施有效降低人类和自然系统的气候脆弱性和暴露度，以实现降低气候风险的目的。适应气候变化的过程可以视为气候风险管理的过程。对气候变化风险的认识是进行适应行动的前提，气候变化风险的识别和评估是适应气候变化的科学工具。

开展气候变化风险与适应方向的研究需求迫切。该方向的研究符合生态文明建设与碳达峰碳中和目标的重大战略需求，可以有效支撑联合国气候变化框架公约议题谈判，是联合国政府间气候变化专门委员会科学评估的重要内容，是国际科学研究关注的重要前沿，也是高校碳中和科技创新行动和人才培养的重要方向。尤其是碳达峰碳中和纳入生态文明建设整体布局，对高比例可再生能源系统气候风险防御、新基建气候韧性改造和国家适应综合能力提升等方面提出了新的研发需求。然而，目前该方向研究还存在适应气候变化理论和方法不完善、气候变化风险难以定量化、气候变化影响与适应措施脱节、气候恢复力路径不清晰等亟待解决的科学问题。

为此，本书以气候变化风险、适应与碳中和为主题，聚焦碳达峰碳中和目标提出的新需求和研究方向尚存的科学问题，按照气候变化响应机制—气候风险评估模型—适应气候变化路径的研究脉络，将基于风险评估的适应气候变化理论与决策研究的最新成果进行集成和创新，旨在全面系统地呈现气候变化风险和适应气候变化研究的理论、方法、工具、政策和案例。本书以"从科学到决策"为副标题，内容从规律机理到模型方法再到战略政策，体现了从"科学"到"决策"全链条创新的逻辑思路。在第1章介绍相关概念的基础上，第2章气候变化影响与作用机制研究，第3章气候变化风险评估理论属于科学基础的内容；第4章适应气候变化决策路径，第5章关于气候变化风险、适应与碳中和的对策建议，属于决策支撑的内容。

本书阐述的主要内容包括：①气候变化响应机制。在微观尺度，发现短期增温通过改变微生物行为和群落分布，显著影响了生态系统功能和污染物迁移过程，丰富了生态系统对气候变化响应的机制；在区域尺度，阐明了厄尔尼诺–南方涛动指数和非参数标准化径流指数之间的密切联系，揭示了厄尔尼诺作用下气候风险的驱动机制。②气候风险评估模型。将气候变化风险评估作为链接气候变化影响和适应的关键研究环节，提出了气候模式精度评价–偏差校正的多目标优化方法，其可信度提高效果明显优于传统算法，为气候风险评估提供了更合理的数据基础。构建基于危害性、暴露度和脆弱性互馈机制的气候风险评估模型；在黄河流域和青藏高原进行了降尺度研究，实现了气候风险的量化评估和不同气候情景下的风险区划，为区域适应路径选择提供了科学依据。③适应气候变化路径。构建了三层级的政策体系，发现了适应政策"主流化"的趋势特征；创新了包含风险评估指标的要素评估方法，对我国适应政策进行评估，提高了适应决策的针对性。建立了降低气候风险的适应技术分类体系，编制出适应气候变化技术清单，识别出基于有效性、紧迫性和可行性评价的适应技术优先选项。制定出技术先导—综合集成—整体有序三步走为特征的总体技术路线图和分领域路线图，为适应技术发展提供前瞻性路径选择。提出了突破区域和领域限制的科技研发任务部署建议，成为国家战略规划的重要内容。最后，围绕适应气候变化行动紧迫性、气候变化风险与国家安全、青藏高原气候风险和适应模式等主题提出政策建议，为国家高层决策提供参考。

本书撰写得到中国 21 世纪议程管理中心领导的关心和指导，在此表示由衷的感谢！本书由国家高层次青年人才计划项目资助出版。本书的主要观点和主张来源于作者过往的研究和思考，如有片面或疏漏之处，敬请读者批评指正。

何霄嘉
2023 年 8 月于北京

目　录

科　学　篇

决　策　篇

| 第1章 | 绪　　论

1.1　适应气候变化

1.1.1　适应气候变化的内涵

物竞天择，适者生存。达尔文在《进化论》中提出生物只有不断进化，适应自己的生存环境才不至于被淘汰。适应的概念最早来自生物学，后来逐步扩展到社会经济、国际政治等领域。

联合国政府间气候变化专门委员会（IPCC）在第六次评估报告第二工作组报告中把适应定义为，在人类系统中，适应是对气候实际或预期产生的影响进行调整的过程，以便减轻损害或利用有利的机会。在自然系统中，适应是对气候实际产生影响的调整，人为干预起到辅助作用（IPCC，2022）。该定义明确了三个方面的关键内容：一是明确了气候变化适应的对象，即气候变化产生的实际或者预期的影响或风险。二是明确了适应气候变化的主体与途径，即自然系统和人类系统进行的调整过程。三是明确了适应的目标是趋利避害。趋利指充分利用气候变化带来的有益机会，避害则指最大限度地减轻气候变化对自然系统和人类社会的不利影响。

1.1.2　适应气候变化的意义

（1）必要性

为什么要适应气候变化？适应气候变化是应对气候变化的必要组成。应对气候变化分为减缓和适应两个方面，两者缺一不可。减缓是针对温室气体进行减排，可以有效降低大气温室气体浓度。但是即使采取减排措施，温升的趋势仍然会继续。根据联合国环境规划署（UNEP）发布的《正在关闭的窗口期——气候危机急需社会快速转型》（United Nations Environment Programme，2022），以各国当前采取的温室气体减排对策，到 21 世纪末，气温将较工业革命前上升 2.8℃。并且在减排的过程中，已经发生的气候影响不会消除，潜在的气候风险仍在不断累积，甚至因为地球系统的迟滞效应，在全球实现碳达峰与碳中和后的一定时期内，这种影响和风险仍将持续。适应气候变化措施可以有效减轻气候变化产生的不利影响和潜在风险，因此适应被认为是应对气候变化的必要措施。

气候变化已经造成了显著的不利影响和巨大风险，适应气候变化是更现实和紧迫的任务。全球范围内，气候变暖导致极端天气发生强度和频度增加，包括暴雨洪灾、干旱热浪、雪量减少和海平面上升；以及由此引发的对粮食、能源、基础设施和生态系统等的巨大压力，对经济、社会和生态环境已构成严重威胁。我国是发展中国家，人口众多、气候条件复杂、生态环境整体脆弱，气候变化已对粮食安全、水安全、生态安全、能源安全、城镇运行安全以及人民生命财产安全构成严重威胁。面对气候变化已经产生的不利影响，人类不得不采取必要的适应措施去应对和降低气候变化的损失和损害。适应气候变化已经成为摆在世界各国，尤其是发展中国家面前亟待加强执行力度的任务。

（2）重要性

适应气候变化符合国家生态文明建设和碳达峰碳中和（"双碳"）目标实现的重大战略需求。党的十八大把生态文明建设放在突出地位，这对适应气候变化工作提出了新的要求。党的十九大报告明确气候变化是人类共同面临的非传统安全威胁之一。党的二十大报告将积极稳妥推进碳达峰碳中和作为推动绿色发展，参与应对气候变化全球治理作为促进人与自然和谐共生的重要内容。《中华人民共和国国民经济和社会发展第十二个五年规划纲要》明确提出要增强适应气候变化能力，制定国家适应气候变化战略。《中华人民共和国国民经济和社会发展第十三个五年规划纲要》也明确规定"坚持减缓与适应并重"。《中华人民共和国国民经济和社会发展第十四个五年规划和 2035 年远景目标纲要》明确提出要加强全球气候变暖对我国承受力脆弱地区影响的观测和评估，提升城乡建设、农业生产、基础设施适应气候变化能力，并对适应气候变化工作提出了具体要求。适应气候变化工作以习近平生态文明思想为指导，体现了人与自然和谐共生的理念。提升适应气候变化能力是我国国民经济和社会发展规划的重要内容，将成为推进生态文明建设，实现高质量发展的重要抓手。有效的适应气候变化措施有助于巩固减排成果，缓解气候变化风险对发展成就的限制，进而对碳达峰碳中和目标实现提供有力支持。

适应气候变化是国际气候谈判的重要议题，也是全球气候治理的重要内容。在《联合国气候变化框架公约》（以下简称《公约》）下如何促进适应气候变化行动、提高发展中国家适应气候变化的能力和最大限度地降低气候变化的不利影响，是广大发展中国家一直关注的重要问题。适应气候变化谈判作为重要谈判内容始于《公约》第 13 次缔约方大会（COP13）通过的《巴厘行动计划》（Bali Action Plan），该计划首次明确了将气候变化减缓和适应并重，提出"适应、减缓、资金、技术"是应对气候变化这驾"马车"的"四个轮子"，缺一不可。《公约》谈判在适应气候变化机制建立、国家适应计划、全球适应目标和集体适应行动全球盘点等方面取得了较大进展。同时，适应气候变化已经成为国际倡议与合作行动的重点内容。《第三十次"基础四国"气候变化部长级会议联合声明》强调，适应是《巴黎协定》的核心，呼吁推动全球适应目标的实施，建议在《公约》成果、《公约》资金机制及总体国际资金支持中进一步体现适应与减缓之间的平衡。中国和美国在格拉斯哥联合国气候变化大会期间发布的《中美关于在 21 世纪 20 年代强化气候行动的格拉斯哥联合宣言》认识到适应气候变化对于应对气候危机的重要性，将进一步讨论全球适应目标并促进其有效实施，以及扩大对发展中国家适应行动的资金和能力建设支持。

适应气候变化是联合国气候评估的重要组成，也是国际科学前沿热点。适应气候变化是 IPCC 重要评估内容，IPCC 专门设置"影响、适应和脆弱性"第二工作组（WGII），对气候变化的脆弱性、气候变化引起的负面和正面后果、适应选择，以及脆弱性、适应和可持续发展之间的相互作用进行评估。自 1990 年 IPCC 发布首部气候变化影响与适应方面的评估报告以来，每一次报告都在不断丰富和深化国际社会对气候变化影响和适应的认识。尤其是第三次评估报告增加了适应能力分布的内容，第四次评估报告开始区分自然系统和人类系统的适应，第五次评估报告强调通过适应减少治理气候变化的风险并提出转型适应等概念，第六次评估报告深化了将适应和减缓相结合以支持气候恢复力发展的理念。此外，适应气候变化是近年来国内外科学界关注的前沿热点。"未来地球计划"（Future Earth）、"地球联盟"（Earth League）和"世界气候研究计划"（World Climate Research Programme，WCRP）联合发布《2022 年气候科学的 10 个新见解》，其中气候风险、气候安全和恢复力发展等都是适应气候变化的关切点。中国气象局发布"2022 年度气候变化十大科学事件"，其中气候风险的科学框架、气候临界点、国家适应气候变化战略都是适应领域的重要进展（何霄嘉，2023）。

1.1.3　适应与减缓气候变化的关系

（1）区别
适应与减缓是应对气候变化的两个方面。不同于适应是针对实际或预期的气候变化影响和风险采取的调整措施，减缓是指通过经济、技术、生物等各种政策、措施和手段，控制温室气体的排放，增加温室气体的汇。两者的区别体现在：一是作用对象不同，适应直接作用于气候变化产生的影响和风险，不直接作用于气候变化本身；而减缓直接针对温室气体排放，是作用于气候变化本身，对气候变化的影响和风险是间接作用（图1-1）。二是作用途径不同，减缓是一方面控制化石燃料使用量、提高工业生产部门的能源使用效率等减少二氧化碳等温室气体的排放量；另一方面通过植树造林和采用固碳技术增加温室气体吸收。适应可以通过采用技术、政策和战略性措施，降低自然或社会经济系统的脆弱性或暴露度，从而减少气候变化的影响和风险。三是两者的空间有效性不同。由于各地气候变化特点与对不同领域的影响有很大差异，适应行动方式和收益具有很强的区域性，不同领域、行业之间有很大差异。相较于适应，减缓具有降低气候变化风险的全球性，其区域性特点没有适应突出。

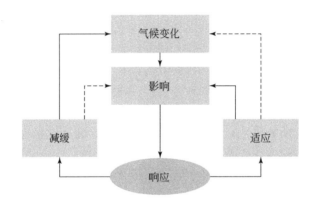

图 1-1　适应与减缓气候变化的作用对象

（2）联系

在应对气候变化的过程中，适应和减缓二者同等重要，相辅相成，不可替代。习近平主席在气候变化巴黎大会开幕式上发表题为《携手构建合作共赢、公平合理的气候变化治理机制》的重要讲话，强调"坚持减缓和适应气候变化并重"。

适应和减缓都以有效应对气候变化为共同的目标。即使进行大规模减排，气候变化也会不可避免地在未来不长的一段时间内发生，因此我们应对气候变化，就必须同时采取减缓和适应性措施。反之，如果在当前基础上不再进行更强有力的减缓行动，即使采取了适应措施，到21世纪末，气候变暖造成全球性影响的风险将会较高甚至很高，所以要充分考虑增加近期减缓行动所带来的效益。

在减少气候变化影响风险方面，减缓和适应具有不同时间尺度上的互补性。比较而言，通过减缓在近期和本世纪内可大幅降低气候变化影响；而适应的效果可以在当前通过降低现在的气候影响展现出来，在未来的效益可以通过应对新出现的气候风险显现出来。

减缓和适应都可以统一到可持续发展的框架中。应对气候变化是中国可持续发展的内在要求。人与自然和谐共生是中国式现代化的重要特征，是推动高质量发展的应有之义。应对气候变化是一项长期的、复杂的系统工程，需要积极的减排行动，也需要加强适应气候变化能力，适应和减缓协同发力，才能更好地推动我国绿色低碳转型和气候适应型社会建设。

1.2　气候变化风险

1.2.1　气候变化风险的内涵

（1）定义

在 IPCC 第六次评估第二工作组报告中，气候变化风险被定义为气候变化对人类或生态系统的潜在不利后果（IPCC，2022）。气候变化风险来自于极端天气气候事件或者气候变化对自然和人类系统的负面作用，这种作用是指在特定时间段内气候变化、灾害性气候事件或两者之间的相互作用对经济、生态、工业、农业、水文、城市生活、健康、文化、基础设施等所产生的潜在不利后果。这种后果可以是其直接结果，也可以指间接或最终后果。气候变化对地球物理系统的风险包括暴雨、干旱和海平面上升等，其是自然系统风险的一部分。

理解气候变化风险的定义，需要跟气候变化影响这一概念做好区分。气候变化影响是气候变化对自然和人类系统的作用。与气候变化影响相比，气候风险是指尚未发生的不利影响；而气候变化影响指已经发生的影响。并且，气候变化对人类社会及生存环境的影响因受体的差别分为有利影响与不利影响。

（2）特征

气候变化风险是灾害风险的一种，而灾害风险又属于环境风险的范畴。因而气候变化风险具有环境风险的共有特征，包括危害性和不确定性（图 1-2）。其中危害性是指气候变化带来的不利后果，不确定性是风险发生的程度和时空范围等存在的不确定因素。

| 影响后果：危害性 |
| 出现概率：不确定性 |

| 损害程度：严重性 |
| 发生特点：意外性 |
| 波及范围：全球性 |
| 时间跨度：长期性 |

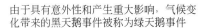

由于具有意外性和产生重大影响，气候变化带来的黑天鹅事件被称为绿天鹅事件

图 1-2　气候变化风险的特征

气候变化风险又有与其他灾害风险、环境风险不一样的特征（图 1-2）。首先是损害程度的严重性，气候变化风险的严重程度很高，全球与气候有关的灾害造成的损失占比高达 77%；气候变化风险由于很难预警和预估，因而具有意外性。此外气候变化风险波及范围较广，具有全球性，时间上具有长期性。尤其是意外性和严重性的特征，使得气候变化风险有一个非常形象的特征表达，就是"绿天鹅事件"，可理解为气候变化引发的、难以预测的、极具破坏力的事件，可能对社会发展和经济增长造成系列严重损失。

（3）分类

IPCC 第六次评估第二工作组报告共识别了 130 个关键风险，在决策者摘要中更新为 127 个关键风险（IPCC，2022），并被归类为 8 种典型关键风险，分别为沿海社会生态系统风险，陆地和海洋生态系统风险，关键物理基础设施、网络和服务相关风险，生活水平风险，人类健康风险，食物安全风险，水安全风险，和平与人员流动风险（高妙妮等，2022）。

沿海社会生态系统风险主要反映了低洼海岸的气候变化相关风险。在地势较低的沿海系统中，栖息地和物种的丧失以及随后沿海保护服务的退化和关键基础设施的破坏将造成严重风险，影响沿海人口的生活、生计和福祉。关键生态系统和土地的丧失以及日益增加的暴露度和脆弱性影响了世界各地低洼地区的未来宜居性。

陆地和海洋生态系统风险是指陆地和海洋（沿海）生态系统结构和（或）

功能的变化和（或）物种多样性的大量丧失。全球温升3℃情景下将有多达20%的物种面临灭绝风险。高纬度、高海拔、岛屿、珊瑚礁生态系统的生物多样性可能因气候变化而大量丧失。陆地生物多样性丧失的风险增加将导致陆地、淡水和海洋生态系统退化，对生态系统服务和人类生计产生不利影响。海洋热浪将会造成广泛的珊瑚漂白和死亡、无脊椎动物物种大量死亡、海藻森林和海草床栖息地突然死亡。气候变化加剧了极端事件和风暴潮，会对沿海系统（海草床和红树林）造成严重影响。

关键物理基础设施、网络和服务相关的风险是与有形基础设施和网络故障相关的风险。海岸、极地、河流沿线交通和能源基础设施风险将急剧上升。在低收入和中等收入国家，基础设施破坏造成的年成本对企业高达3000亿美元，对私人家庭高达900亿美元，其中10%~70%的破坏由洪水等自然灾害造成。气候对交通和能源基础设施的影响已远超对有形基础设施的直接影响，进一步引发对健康和收入等方面的间接影响。

生活水平风险包括全球和国家层面的总经济产出、贫困、生计及其对经济不平等的影响。高变暖、高脆弱性和适应能力极低的情况下，贫困将加剧，总经济产出水平下降，幅度与过去重大危机的影响相当。发展中国家可能存在更严重风险，发达经济体是否能够避免严重风险仍是高度不确定。在小岛屿发展中国家、低洼沿海地区、北极圈和城市贫民区，气候变化有可能对生计产生巨大、相互且不可逆转的影响。气候变化引起的收入不平等等问题可能加剧生活水平的风险。

人类健康风险包括由变暖引起的媒介传播疾病以及水传播疾病发病率和死亡率的提高。在较高的温升水平、高度脆弱和适应能力极低的情况下，极端高温、媒介传播疾病和水传播疾病造成的死亡率大幅增加可能会严重影响人类健康。对于脆弱性较高的特定群体和区域将产生更严重的健康影响。随着全球变暖，未来暴露于致命热应力的全球人口比例将从现在的30%增加到2100年的48%~76%。媒介传播疾病的风险将加剧并集中在儿童和敏感地区。到21世纪末因气候变化而暴露于潜在疾病传播的人数将净增加7000万~1.3亿。

食物安全风险主要指气候变化对粮食生产（包括作物、牲畜和渔业）的影响与全球变暖和极端事件引起的粮食供应链中断所造成的粮食安全问题。到2050年，提供营养丰富且价格合理的食物将是一个严峻的挑战。气候变化将增加营养不良人口的数量，将有数千万至数亿高脆弱性人口面临重大风险，尤其是发展中国家的低收入人群，2050年低收入国家预计将有多达1.83亿人因气候变化而营养不良。

水安全风险是干旱、洪水和水质恶化等与水有关的危害和生活在水资源过少、过多或受污染地区的脆弱群体暴露度造成的综合结果。水安全风险将加剧，导致健康、财产、重要文化场所、生计和文化方面的损失，受影响的人数预计从数亿到几十亿不等。资源短缺相关风险有可能加剧，温升 2℃ 水平时全球长期缺水的人数达 8 亿~10 亿，温升 4℃ 水平时达 40 亿。与水相关的极端事件和灾害相关的风险可能加剧，全球温升 2℃ 水平时将有 5000 万~1.5 亿人受到洪水影响，温升 4℃ 水平时受洪水影响人数将上升到 1.1 亿~3.3 亿。

和平与人员流动风险包括武装冲突对社会内部和社会间和平的风险以及对人的流动的风险。气候变化将导致未来被迫流离失所的人数大幅增加，高水平的变暖加上低社会经济发展可能会增加武装冲突的普遍性和严重性（高妙妮等，2022）。

1.2.2 气候变化风险与适应气候变化的关系

气候变化风险是适应的重要对象，适应气候变化需要适应未来气候变化带来的风险。所以对气候变化风险的认识是进行适应行动的前提和基础，气候变化风险的识别和评估是适应气候变化的科学工具，而适应气候变化的过程可以被看作是气候风险管理的过程。

国际上，将气候风险管理和适应气候变化行动在政策框架和协调机制中进行整合有不少案例。例如，联合国世界减灾大会达成的《兵库行动框架》和《仙台减少灾害风险框架》明确了气候风险管理和气候变化适应之间的相互联系，将气候变化纳入减灾的考虑范围，并从战略和行动上整合减少灾害风险和气候变化适应。哥本哈根气候大会之后，降低灾害风险、适应气候变化与实现可持续发展的协同共赢之道得到了国际社会的普遍关注。《巴厘行动计划》提出将减少灾害风险管理和气候适应政策系统结合，《坎昆适应框架》通过后，抵御极端气候事件和灾害风险管理成为适应气候变化的重要内容。IPCC 发布的《管理极端气候事件和灾害风险促进气候变化适应特别报告》提出了管理灾害风险和适应气候变化的各种政策选项，对于把风险管理纳入应对气候变化行动的整体框架提供了重要的科学依据。

我国发布的《国家适应气候变化战略 2035》统筹考虑气候风险与适应、重点领域和区域格局、自然生态和经济社会等不同维度，明确了未来适应气候变化工作的重点任务和保障措施，为提升气候韧性、有效防范气候变化不利影响和风险提供了重要指导。该战略将"加强气候变化监测预警和风险管理"单设一章并摆在突出位置，战略提出加强气候变化监测预警、影响分析和风险评估、脆弱性与适应能力评估等重大问题研究，体现了对气候变化影响和风险评估、应急防灾减灾等工作的重视程度，也体现了将气候变化风险与适应统筹考虑的工作思路。

1.3　碳　中　和

1.3.1　碳中和的内涵

2020 年 9 月 22 日，习近平主席在第七十五届联合国大会一般性辩论上发表重要讲话并郑重宣布："中国将提高国家自主贡献力度，采取更加有力的政策和措施，二氧化碳排放力争于 2030 年前达到峰值，努力争取 2060 年前实现碳中和。"2021 年 3 月 15 日，习近平总书记主持召开中央财经委员会第九次会议，在发表的重要讲话中强调，"实现碳达峰、碳中和是一场广泛而深刻的经济社会系统性变革，要把碳达峰、碳中和纳入生态文明建设整体布局。"碳达峰碳中和是着力解决资源环境约束突出问题、实现中华民族永续发展的必然选择，将带来一场由科技革命引发的经济社会环境重大变革，其意义不亚于三次工业革命。

国际上，《巴黎协定》提出，在本世纪下半叶实现温室气体源的人为排放与汇的清除之间的平衡。IPCC《全球升温 1.5℃特别报告》提出，要实现将全球温升控制在 1.5℃目标，需要到 2050 年实现温室气体净零排放也即碳中和。截至 2022 年 12 月，国际上已经有 136 个国家提出了碳中和承诺，覆盖了全球 88%的二氧化碳排放、90%的 GDP 和 85%的人口。

从物理意义描述，碳中和可以视为温室气体人为排放源与人为吸收汇之间的平衡过程（巢清尘，2021；陈迎，2022）。实质上，碳中和是一个具有生态安全、技术进步、结构性改革、经济效率、社会公平、文明激励与制度变革等多维复合结构特征的现代化发展新兴问题。推动碳中和目标实现并非是对传统工业文明主导下经济社会发展模式的修修补补，也不是绿色工业文明思维下单单"就碳论碳"的技术改进和边际效率上的片面增量调整，而是既需要在开辟崭新可持续发展之路和人类文明创造意义上完成对传统（绿色）工业文明发展范式的超越，也更需要积极主动作为、下大力气推动人类文明发展形态向更高阶段迈进（周枕戈和庄贵阳，2023）。

1.3.2　适应气候变化与碳中和的关系

适应与减缓是支撑碳中和目标实现的两个重要手段。碳中和目标不只是物理意义上碳排放的目标，而是一场广泛而深刻的经济社会系统性变革。实现碳中和目标需要减排行动，也需要加强适应能力。碳中和作为生态文明建设的抓手，成为低碳绿色新经济引擎，将统领气候安全、生态建设等关键发展议题。在实践中，既需要加强减排行动，注重工业和能源部门减排，也需要重视碳中和目标对城市生命线防护、新基建气候韧性改造等适应性能力提升的新需求。在 2060 年碳中和目标下，在全球气候安全风险日益上升与国内气候灾害突发频发的大背景下，中国加快构建气候适应型社会十分必要。此外，与减排相比，适应行动具有较强的地方特色或部门特色，气候变化影响较大、温室气体排放较高的城市地区以及农林、能源、交通、建筑、生态建设等部门，是实施适应和减缓协同管理的最佳领域。如果考虑适应需求，碳中和目标还将带来加倍的投资和就业拉动效应。

如不进行有效适应，减排和发展成效将受到影响，进而影响碳中和目标的实现。适应是减缓成果得以稳固的基础，如果适应行动不力，会使减排行动取得的成果付诸东流。比如 2019 年澳大利亚森林大火，导致 4 亿 t 二氧化碳的释放，相当于全世界从后往前排序 116 个国家一年的减排量。而此次森林大火的主要原因就是森林防火基础建设不完善等适应气候变化工作没有做好。此外，如不进行有效适应，气候变化风险将限制发展成就，成为额外的发展负担。研究表明，全球增温 2℃ 与 1.5℃ 相比，中国重度干旱和洪水经济损失将可能增加近 1 倍；温升 2℃ 时，受到高温热浪和洪涝影响的人口高风险区将占全国陆地面积的 27% 以上，经济高风险区面积约占 16%。经济的巨大损失对碳中和目标下经济韧性发展提出了重大挑战。

即使实现了碳中和目标，仍然需要适应气候变化的风险。气候变化的最新科学事实表明，即使全球以坚定的决心实现温控 1.5℃ 目标，也难以扭转气候危机加剧态势，气候变化风险依然存在。气候安全作为各国政府的首要责任，已经刻不容缓、迫在眉睫。各国碳中和目标下推动的国家自主减排行动，对稳定全球气候系统的贡献仍存在较大不确定性，人类社会极有可能面临日益迫近的阈值效应，引发系统性风险。因此，有必要遵循风险预防原则，提升适应能力，把适应气候变化放到更加重要的位置，亟须在碳中和目标下加强适应气候变化行动。

科　学　篇

第 2 章 | 气候变化影响与作用机制研究

2.1 气候变化的影响

2.1.1 气候变化对全球的影响

气候变化以及极端气候事件在全球范围内产生的影响，包括对于自然系统和对于人类经济社会系统的影响。IPCC 第六次评估报告第二工作组报告结论显示（IPCC，2022），目前世界上 33 亿～36 亿人口生活在气候脆弱地区，与以往评估结果相比，在不同温升情景下，全球面临的气候风险几乎在所有领域都大大增加，并随着温升增加而升级。

在自然系统方面，气候变化对全球范围内的陆地、淡水和海洋生态系统都造成了不利影响，表现在生态系统结构的变化、物种地理范围的变化和时间变化（物候学）等方面（图 2-1）。大气中水汽含量随气温每上升 1℃增加约 7%，导致极端强降水事件增加，带来更多流域洪水、山洪和城市洪涝；海平面上升、冰川消退的速度分别达到近 3000 年、2000 年以来最高值。主要影响包括：极端事件发生的频率、强度和持续时间的增加导致了大量生物死亡和数百起当地物种灭绝；由于人为因素导致热带气旋、海平面上升和强降雨强度增强。气候变化造成的某些损失已经不可逆转。例如极地冰盖的消失，以及作为生态系统和山区人民主要水源的冰川的退缩；植物、动物和海洋物种中大约一半正向极地迁移，或者向更高海拔地区迁移（姜彤等，2022）。

气候变化对人类系统产生了不利影响并带来了损失，表现在对于水安全和粮食生产，健康福祉，城市、居住地和基础设施等方面的影响（图 2-2）。例如气候变暖、热浪和干旱等极端事件的加剧，使非洲、亚洲、中南美洲和小岛屿地区数以百万计的人们面临严重的粮食和水短缺问题，进而影响全球半数以上人口的健康、生活和生计。气候变化对水安全、能源安全和粮食安全造成了威胁，阻碍了全球零饥饿、水和能源安全等可持续发展目标的实现。气候变化还对交通系统

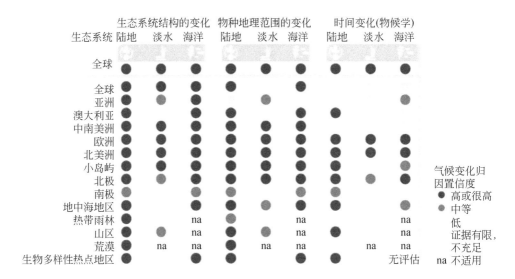

图 2-1 观测到的气候变化对自然系统的全球和区域影响（IPCC，2022）

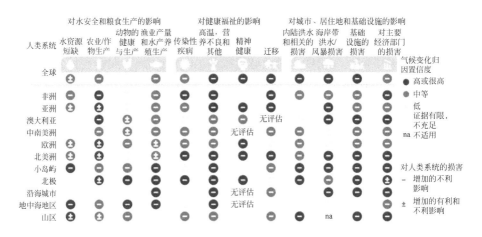

图 2-2 观测到的气候变化对人类系统的全球和区域影响（IPCC，2022）

和水电等基本服务造成了不利影响。此外，气候变化还影响到人类的健康，如气候变暖带来的降雨增加和洪水泛滥导致疾病发病率增加；热浪、干旱、洪水和风暴造成的创伤对人们的心理健康产生了负面影响；洪水等极端事件影响了卫生服务。气候变化的影响在城市中被放大，例如，热浪会与城市热岛效应和空气污染相结合。气候变化对脆弱人群的影响更严重，如居住在非正式定居点的人群受气候变化的影响更大；气候变化使人类生计受到不利影响，农业、林业、渔业、能源和旅游业等部门的损失阻碍了经济增长；粮食产量下降、健康和粮食安全受到影响、住房和基础设施损失以及收入损失，都影响到人们的生计，进而造成气候移民。据测算，2050 年前气候变化将导致全球范围 2.16 亿人次的被迫迁移，将引发进一步的冲突和安全问题。

观测到的极端天气和气候事件的频率与强度增加，包括陆地和海洋上的极端高温事件、干旱和火灾、强降水事件，对生态系统、人类、居住区和基础设施造成了显著的不利影响。例如，已观测到的野火烧毁区域的增加也被归因于人为引起的气候变化。1984~2015 年，美国西部野火烧毁面积增加了 900%；2017 年加拿大不列颠哥伦比亚省发生极端火灾，气候变化导致被烧毁面积较自然水平增加了 7~11 倍。此外，与高温有关的人类死亡率增加，珊瑚白化和死亡率增加，以及与干旱有关的树木死亡率增加。1970~2019 年，31% 经济损失与洪灾有关，近年来西欧、中国、日本、美国、秘鲁、巴西和澳大利亚等地发生的由强降雨事件导致的严重洪灾，很大程度上是由人为气候变化所导致的。另外，由于海平面上升和强降水增加，热带气旋的不利影响以及相关的损失和破坏增加，如海洋酸化、海平面上升或区域降水减少等缓慢过程对自然和人类系统的影响。

2.1.2 气候变化对中国的影响

气候变暖导致水热资源和环境因素的改变，从而对自然生态系统以及经济社会发展产生直接和间接的影响。中国受气候变化影响的脆弱领域包括农业、水资源、海岸带、生态系统和生物多样性、城市发展、重大项目和人类健康。表 2-1 总结了每个领域的总体和具体气候影响。一些气候变化影响可能有利于环境和经济社会发展。全球变暖会导致农业热资源的增加，这有助于北方可耕地的扩大（Shi et al., 2002；Lian et al., 2007）和西部地区降水量增加明显（Zhang et al., 2007），因此，新疆和西藏的净初级生产力（NPP）增加（Zhang et al., 2007）。对于中国目前的气候来说，温度的轻微上升有利于以碳汇为主的森林生态系统。但气候变暖也有负面影响。气候变暖导致水资源严重短缺且分布不均，导致农业生产不稳定性增强（Sun et al., 2010），东北地区的玉米和小麦产量受到很大影响（Tao et al., 2012）。由于气温的显著升高和降水的减少，多年冻土区的植被覆盖度大大降低（Mao et al., 2011），中国北方农牧交错带 NPP 下降（Liu and Gao, 2009；Li and Pan, 2012）。在中国大部分地区，极端天气事件的频率和强度显著增加（Zhang and Qian, 2008），红树林和珊瑚礁生态系统退化严重（Hu et al., 2008；Shi X et al., 2008）。气候变化对物种的丰富度和多样性产生负面影响，如一些物种从原生境中灭绝（Ma and Jiang, 2006；Yuan and Ni, 2007）。有害生物分布的变化增加了栖息地退化的风险（Zhao, 2007；Li et al., 2008）。中国越来越多的城市经历了极端降水事件频率的增加（Chen et al., 2010）。气候变化引起的高温热浪等极端天气事件影响人类健康（Qian et al., 2010），如传染病风险增加（Lu et al., 2010；Yang et al., 2010a, 2010b）和媒介传播疾病范围的扩大（Zhou et al., 2007）。气候变化对许多项目有重大的负面影响（Dai et al., 2007；Ren et al., 2008；Ren, 2012）。总之，气候变化的积极和消极影响并存，但消极影响大于积极影响（Wu et al., 2014）。

表 2-1 具体气候变化对不同领域的影响（He, 2017）

领域	总体影响	具体影响
农业	扩大中晚熟作物播种面积；一些作物的单位产量损失和质量下降；农田质量退化；肥料和水的成本增加；农业灾害加剧	1980~2008 年，小麦、玉米和大豆的单位产量分别下降了 1.27%、1.73% 和 0.41%，而水稻的单位产量却增加了 0.56%；如果年气温上升 1℃，中国受病虫害风险影响的作物面积将增加 9600 万 hm²，有效氮的释放将减少 3.6 天；中国粮食自给率目标被迫从 95% 下调 0.4%
水资源	中国主要河流的实测径流量减少。在 RCP4.5 情景下，未来水资源总量将减少约 5%。气候变化将加剧暴雨、风暴潮、大规模干旱和其他极端天气事件的频率和强度	海河流域径流量减少了 40%~60%，黄河中下游也减少了 30%~60%。气候变化的贡献率，海河为 26%、黄河为 38%、辽河为 30%。海河流域受旱面积每十年增加 3.18%。在过去的 60 年里，16 个省份连续遭受严重干旱
海岸带沿海	海平面上升；风暴潮，海洋酸化加剧、严重而广泛的海岸侵蚀、海岸湿地丧失、红树林和珊瑚礁等生态系统退化、渔业和近海水产养殖	1980~2012 年，沿海海平面每年上升 2.9mm，高于全球平均水平。1986~1996 年，黄河三角洲面积平均减少 26km²/a；自 20 世纪 80 年代以来，广东已经失去了超过 50% 的沿海湿地；在过去的 30 年里，大陆和海南岛的沿海珊瑚覆盖率下降了 80% 以上；红树林面积下降了 73%
生态系统和生物多样性	生态系统在很大程度上受益于气候变化，但也有许多负面影响。未来，气候变化的影响将主要是负面的，但是如果温度上升低于 3℃，将不会对陆地生态系统产生不可逆转的影响	1984~2003 年，森林碳汇增加了 51.0TgC/a；NPP 可能在 21 世纪 30 年代上升 10%~20%，在 21 世纪 90 年代上升 28%~37%；2000 年鄱阳湖湿地面积比 20 世纪 90 年代减少了约 11%；未来，青藏高原、天山和祁连山的高寒草地海拔将增加 380~600m。动物分布、物候和迁徙也将发生变化，这些变化是由栖息地面积减少、栖息地质量下降和越冬栖息地变化引起的

领域	总体影响	具体影响
城市发展	城市洪水；交通和基础设施中断，人生命损失	2008~2010年，中国62%的城市遭受洪灾，137个城市频繁遭受洪灾
重大工程	南水北调中线主体工程，中线工程、三峡工程、青藏铁路和三北防护林工程都受到了影响，相关的不利影响将来会增加	丹江口水库实际年平均径流量为18.5%，小于规划库容；三峡工程区年降水量将增加6.1%~9.7%/100a；年气温在-0.5℃以上将导致青藏铁路在50年内下沉30cm
人类健康	气候变化已导致气候相关疾病发病率和死亡率增加	病媒生物流行区北移；传染病的加速传播。更高频率和强度的热浪和极端事件导致某些疾病造成的死亡率上升

从区域来看，东部发达地区承受更高的气候变化灾害风险；未来北方农牧交错带、黄土高原、喀斯特地区受影响严重，风险增加。例如，西南喀斯特区春旱自西向东递减，其中桂西石漠化区大部分春旱频率在70%以上。北方农牧交错带粮食生产潜力降低，1990~2010年，气候变化致使北方农牧交错带粮食生产潜力减产1105万t。气候变化导致黄土高原大部分河流的径流减少，30%河流径流量减少是由气候变化引起的。

2.2 气候变化对生态环境的影响与响应机制案例研究

2.2.1 气候变化对环境中污染物迁移和累积的影响研究

气候变化不仅会降低水稻产量（Schlenker and Roberts，2009；Waksman et al.，2009；Wheeler and von Braun，2013），也会增加水稻籽粒中砷（As）的浓度，从而损害作物质量（Rajkumar et al.，2013；Neumann et al.，2017），并对人体健康构成重大威胁。最近，一些研究调查了温度升高对土壤污染物行为和作物质量的影响（Ge et al.，2015，2016；Muehe et al.，2019）。作为例证，Muehe等（2019）报告称，未来较暖的气候将导致水稻籽粒中无机砷的浓度较高，因为温度升高将增加无机砷的植物有效性。此外，Arao等（2018）认为，晚熟期温度升高增加了水稻籽粒中无机砷的积累。然而，增温对水稻-土壤系统中砷（As）行为影响的机制仍不明确。研究表明，一方面，温度可以显著影响矿物对重金属的吸附/解吸速率（Rajkumar et al.，2013）。水稻根部环境（Ge et al.，2016）、土壤微生物区系（Frey et al.，2008；Castro et al.，2010；Compant et al.，2010；Walker et al.，2018）、土壤理化和生物特性的变化将显著影响水稻-土壤系统中重金属的迁移。例如，在较暖的温度下，含砷的铁（Fe）氢氧化矿物的更快溶解增加了土壤孔隙水中的砷浓度，进而增加了植物组织中的砷浓度（Neumann et al.，2017）。另一方面，温度的下降延缓了 Fe（Ⅱ）和 As（Ⅲ）从含砷的 Fe（Ⅲ）氢氧化物的释放（Weber et al.，2010）。人们认为，温度的波动改变了土壤微生物群，从而改变了它们在土壤中的生物转化活动。然而，在未来全球气候变暖的背景下，高温如何影响水稻-土壤系统中砷转化机制，目前尚不清楚。

本小节通过比较在 28℃ 和设计更高的培养温度 33℃ 下砷污染水稻土中水稻的生长情况，阐明了高温对砷在土壤中的生物转化和砷从根到籽粒的迁移的影响。实验分析不同温度下土壤理化性质（pH、Eh）、溶解态砷浓度、土壤孔隙水中的砷形态、植物组织以及 Fe（Ⅱ）浓度等的变化情况，考虑到微生物在砷转化中的重要作用，分析比较了不同温度处理根部土壤中的微生物群落和砷转化基因。研究结果表明，温度升高会增加土壤孔隙水砷的生物可利用性和 As（Ⅲ）在水稻籽粒中的积累。砷生物利用度的增加促进了微生物作用的 As（Ⅴ）还原溶解。这些结果强调了在气候变暖的情况下管理水稻生产中砷毒性的必要性（Yuan et al.，2021）。

2.2.1.1　气候变暖加速砷从土壤向土壤溶液中的分配

与 28℃ 处理相比，33℃ 处理的土壤孔隙水中的溶解态砷浓度明显较高（图 2-3）。在物种水平上，与 28℃ 处理相比，33℃ 处理中的 As（Ⅲ）和 As（Ⅴ）浓度也明显较高。具体而言，与 28℃ 处理相比，33℃ 处理的土壤孔隙水样品中的 As（Ⅲ）和 As（Ⅴ）浓度分别高出 139% 和 77%。

28℃ 和 33℃ 温度处理下根际土壤微生物群落结构存在显著差异（图 2-4）。由 LEfSe 分析结果可以看出：在门分类水平上，在 33℃ 处理下 Proteobacteria 的相对丰度更高。在目的分类水平上，Armatimonadales 和 Gemmatales 在 28℃ 处理下相对丰度高，而 Xanthomonadales、Methylophilales、Cytophagales 是 33℃ 温度处理下根际土壤中占优势的菌属。在科分类水平上，28℃ 温度处理下根际土壤中相对含量较高的物种有 Isosphaeraceae、BA008 和 Gaiellaceae，而 Sinobacteraceae、Methylophilaceae 和 Alcaligenaceae 为 33℃ 温度处理下根际土壤中相对含量较高的物种。在属分类水平上，*Gemmata*、*Crenothrix* 和 *Nostocoida* 是 28℃ 温度处理下根际土壤中占优势的菌属，而 33℃ 温度处理下根际土壤中占优势的菌属有

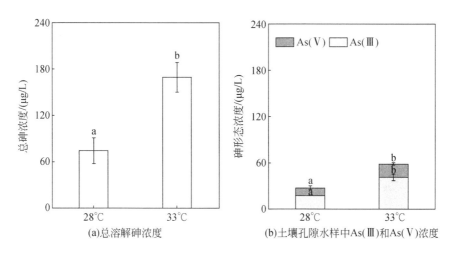

图 2-3 28℃和33℃处理中土壤孔隙水中的溶解砷浓度

误差线表示标准误差（$n=4$）；列上方的不同字母表示温度处理之间的显著差异（$p<0.05$）

Planctomyces、*Nevskia* 和 *Methylotenera*。

在淹水还原状况下，升温显著增加了稻田土壤溶液中重金属的生物可利用性（Ge et al.，2016；Neumann et al.，2017；Muehe et al.，2019）。案例研究中，两个温度处理下的土壤溶液中 Fe 浓度、pH 及 Eh 并无差异，说明土壤理化性质可能不是本项研究中升温促进土壤溶液砷增加的原因。升温条件下土壤溶液砷浓度增加很可能是温度升高增加了含砷还原基因 *arsC* 的微生物的丰度而不是因为土壤理化性质的改变。升温处理中 *arsC* 基因丰度的显著增加是由于含 *arsC* 基因的砷还原微生物的富集，它们分别是 Xanthomonadales 目以及 Burkholderiales 目分类下的 Alcaligenaceae 科（图 2-4）。实际上，有研究发现：土壤中砷还原基因 *arsC* 丰度与土壤溶液砷浓度之间存在着正相关关系（Gustave et al.，2019；Xue et al.，2020）。随着全球气温的升高，大量的研究发现全球升温会增加土壤微生物的活性（Melillo et al.，2002；Walker et al.，2018）。比如，一项研究发现，气候变暖通过改变碳循环基因潜力和相应功能的微生物群落，可增加对底层土的土壤有机质的降解（Cheng et al.，2017）。然而，人们对高温下砷在土壤-水稻系统中的生物转化知之甚少。因此，案例研究结果对砷在土壤-水稻系统中的环境行为提供了一种解释。

2.2.1.2 气候变暖促进水稻植物的砷积累

升温可以有效的促进重金属从植物根系向地上部分的积累（Ge et al.，2015；

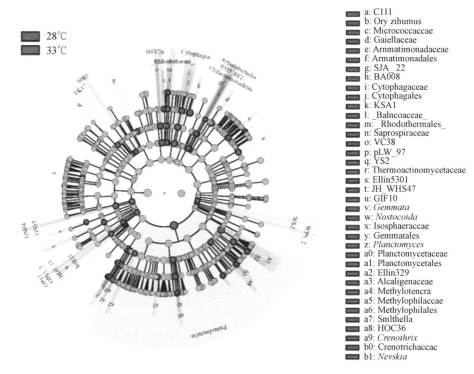

图 2-4 28℃ 和 33℃ 处理下根际土壤细菌群落的 Lefse 分析进化分支图

不同温度处理下有显著差异的分类群用红色和绿色的圈表示，其中黄颜色的圈代表两个温度处理下没有显著差异的分类群。LDA 值大于 2 的细菌在图里面标示出来。从里到外的七个环分别对应细菌界、门、纲、目、科、属和种

Ge et al.，2016；Neumann et al.，2017）。在本案例中，升温增加了水稻植株各组中的砷积累（图 2-5）；同时，升温条件下水稻整个籽粒中 As（Ⅲ）浓度显著增加，这跟以前的研究结果相似（Arao et al.，2018；Muehe et al.，2019）。案例研究结果还显示，升温下整个籽粒中 As（Ⅲ）浓度远高于其根部 ［图 2-5（d）和（f）］。As（Ⅲ）是水稻植株中砷的主要运输形式（Wang et al.，2015），加之升温条件下根系以及水稻根表 Fe 膜中 As（Ⅲ）的占比并无显著变化 ［图 2-5（c）］，这表明升温条件下被水稻根系吸收的 As（Ⅲ）被运输到水稻整个籽粒中，是导致水稻籽粒 As（Ⅲ）积累增加的原因。根据现有的关于植物中矿物运移的文献，As（Ⅲ）在水稻籽粒中的积累有几种方式。例如，跟矿质元素一样（Salt et al.，1995；Clemens et al.，2013），As（Ⅲ）在植物体内的运输也会受到蒸腾作用的影响。本研究中升温条件下水稻植株内 As（Ⅲ）通过木质部从根到

地运输的增加很可能是升温诱导的蒸腾速率增加的缘故。

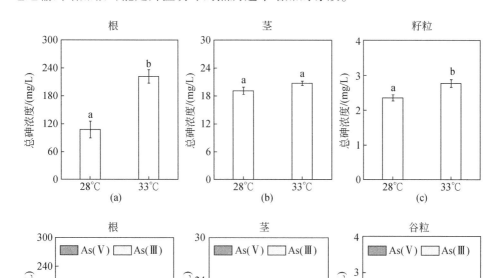

图 2-5 28℃和33℃处理中植物组织中的总砷和砷形态浓度。

误差线表示标准误差（$n=4$）；列上方的不同字母表示温度处理之间的显著差异（$p<0.05$）

对作物产量而言，土壤砷污染造成的产量损失比全球升温引起的损失更大一些（Abedin et al.，2002；Muehe et al.，2019）。当这些因素结合在一起时，相比于单独的土壤砷污染，同时升高温度会显著降低水稻植株的重量，这可能是因为温度升高增加了土壤溶液砷的释放，紧接着导致水稻植株各组织较高的砷积累，进而对水稻植株产生了毒性抑制（Arao et al.，2018；Muehe et al.，2019）。关于根，在盆栽试验中，发现升温显著增加了水稻根表铁膜的形成，这与以前的结果相反（Ge et al.，2016）。有研究发现，升温条件下水稻植物可以将砷区隔在根表铁膜表面（Neumann et al.，2017）。这一研究支持了我们的结果，一方面，升温条件下铁膜形成的增加导致了水稻根表铁膜 As（V）积累的增加。另一方面，有研究发现，水稻根表铁膜对 As（V）的协同性比 As（Ⅲ）高（Liu et al.，

2005），这也侧面印证了我们的研究中升温条件下有较多的 As（V）积累在水稻根表铁膜。

2.2.2 植物和土壤微生物对气候变暖的响应机制研究

气候变化会影响植物和土壤微生物的相互作用。这种现象在青藏高原的极端环境中尤其重要，在那里植物比其他地方更依赖相关的微生物。在过去的几十年里，青藏高原经历了快速的气候变化（IPCC，2019），引起了人们对植物和土壤微生物相关响应的研究兴趣（Ma et al.，2017；Meng et al.，2019；Che et al.，2019；Shi et al.，2020）。然而，气候变化对连接地上和地下生态系统的根部真菌的影响（De Deyn and Van der Putten，2005），受到的关注要少得多（Rudgers et al.，2020）。了解植物和根部真菌之间的相互作用以及它们对气候变暖的响应可以改善我们对气候扰动下生态系统结构和功能的预测。

根部真菌，包括存在于植物根内和根上的真菌（如菌根真菌、内生真菌和病原体），在影响植物性能和生态系统过程中具有重要作用（Almario et al.，2017；Clemmensen et al.，2013；Robinson et al.，2020；Trivedi et al.，2020）。一些与根部相关的真菌对植物具有负面影响，例如致病真菌，其可引起严重的植物疾病，导致植物生物量减少，而植物互惠互利者，例如菌根真菌，可增强植物营养吸收并提高抗病性（Van der Heijden et al.，2006）。许多研究集中于气候变暖对特定真菌类群的影响，如丛枝菌根真菌（Birgander et al.，2017）或外生菌根真菌。有证据表明，不同种类的根部真菌对气候变化的反应不同（Olsrud et al.，2010），不同的环境条件可以将不同真菌类群之间的相互作用从合作转变为拮抗（Abrego et al.，2020；Faust and Raes，2012）。因此，有必要系统地了解整个植物根部真菌群落对气候变暖的反应。

青藏高原是气候变化敏感地区，在气候变化影响下，暖湿化趋势明显。青藏高原平均海拔 4000m 以上，其特点是温度低，气压低，生长期短。在这种寒冷和缺氧的环境下，植物和根部真菌之间的密切关系是可以预料的，因为根部真菌可以促进植物的存活。此外，鉴于植物物种多样性相对较高，且植物与土壤真菌多样性呈正相关（Yang et al.，2017），不同的根部真菌可能栖息在青藏高原的这些生态系统中。然而，我们仍然缺乏足够的证据来证明在这个生态系统中根部的真菌群落的组成和它们与宿主植物的关系（Harrison and Griffin，2020）。

本小节选取青藏高原在常温和升温条件下的根部真菌群落，研究了青藏高原14 种寄主植物在两年升温过程中的根部真菌群落结构。不同寄主植物的根部真菌群落组成存在显著差异，这种差异在实验升温条件下更加明显。尽管根部真菌群落对短期气候变暖具有适应性，研究结果显示气候变暖可以诱导高寒草甸生态系统中根部真菌群落具有更高的宿主特异性。该研究为温度对青藏高原极端寒冷环境中寄主植物和根部真菌之间的关系的影响提供了证据。这些结果表明，宿主植物中更多样的根部真菌群落可能有助于植物更灵活地适应不断变化的环境条件（Jiang et al., 2021）。

2.2.2.1 气候变暖显著增加不同寄主植物间根部真菌群落的差异性

模拟增温显著增加了不同宿主植物在物种间水平 [图 2-6（a）] 根部真菌群落的 Bray-Curtis 差异性，而在种内水平之间没有显著性的差异 [图 2-6（b）]。线性回归结果表明，模拟增温后不同宿主植物间的根系真菌群落差异性与宿主植物系统发育距离间的斜率显著高于对照处理（$p<0.001$；图 2-7）。综合以上的分析结果表明，模拟增温增加了宿主植物物种间根部真菌群落的 β 多样性。

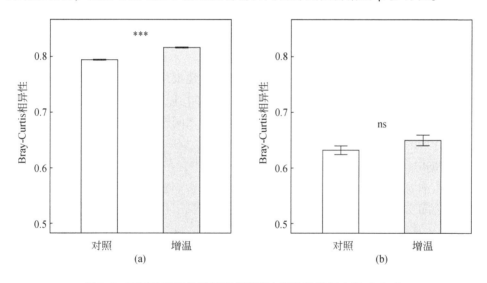

图 2-6　不同处理下的根部真菌群落在植物物种间水平（a）和
植物物种种内水平（b）的 Bray-Curtis 相异性

柱形图代表平均值±标准误。显著性检验基于 t 检验进行。显著性水平：ns，不显著；＊＊＊，$p<0.001$

该案例结果支持了宿主植物物种对根部微生物的显著影响，这在以前也有报道（Fujimura and Egger, 2012；Toju et al., 2013；Wang et al., 2019；Wehner et al., 2014）。根部真菌群落的差异可能部分归因于宿主植物的主动选择（Maciá-Vicente et al., 2020）。该案例研究发现，根部真菌群落的差异性与宿主植

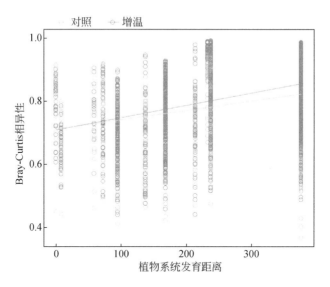

图 2-7　对照和模拟增温处理下植物系统发育距离与根部真菌 Bray-Curtis 相异性的关系

实线代表拟合曲线

物的系统发育距离相关，表明宿主系统发育是构建根部真菌群落的重要因素。这一结果与 Wehner 等（2014）和 Koyama 等（2019）以前的发现一致。

　　案例结果证明气候变暖增加了不同植物物种之间根部真菌群落的差异性。这种变异背后的机制可能涉及植物根系性状的变化（Sweeney et al.，2021）或渗出模式（Rodriguez et al.，2019）的变化。在案例中，与根系相关的真菌群落组成与根系氮浓度密切相关。尽管气候变暖可能不会影响根中的氮浓度，但植物和根部真菌之间交换的氮相关资源的质量或类型会受到干扰，导致根部真菌的选择压力增加（Hassani et al.，2018；Kinnunen-Grubb et al.，2020；Rudgers et al.，2020）。除了根系性状，根系分泌物也是调节根系相关真菌群落的重要因素（Nguyen et al.，2020；Vives-Peris et al.，2020）。因为许多研究已经报道了在实验性变暖下显著刺激根枣的分泌（Wang et al.，2021；Yin et al.，2013）。然而，在气候变暖的情况下，根系分泌物的动态化学性质和微生物对底物的偏好仍然值得进一步研究。对更明显的根部真菌群落组成的另一种解释可能与宿主植物的局部适应有关。几千年来，植物和它们相关的真菌共同进化，导致相互适应和适应当地环境。因此，环境变化会破坏植物的局部适应，改变它们对根部真菌的选择。

2.2.2.2　气候变暖轻微影响根部真菌的丰富度和群落组成

该案例研究结果显示气候变暖对不同植物种类的根部真菌丰富度没有显著影响［$F=1.24$，$p=0.29$，图 2-8（a）］。14 种植物中只有一种（金露梅）表现出显著的下降。此外，香农–维纳指数不受升温的影响［$F=0.96$，$p=0.34$，图 2-8（b）］。

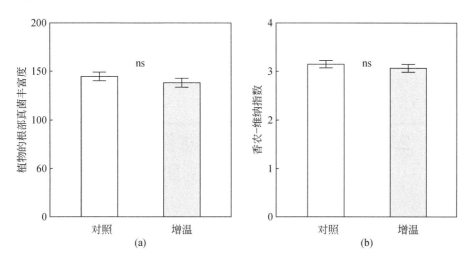

图 2-8　对照及增温处理中的 14 种植物的根部真菌丰富度（a）和香农–维纳指数（b）
柱形图代表平均值±标准误。使用线性混合效应模型分析不同处理之间的差异性，
分析表明不同处理之间没有显著差异（$p>0.05$）

这个结果得到其他研究的支持（Coince et al.，2014；Lorberau et al.，2017）。变暖引起的根系真菌丰富度的变化通常归因于碳分配到根系的转移（Wang et al.，2017）。在该案例中，加温处理并没有增加根部生物量或根部生物量比率。因此，短期变暖或植物对变暖的耐受性可能对根部真菌多样性没有影响。

温度升高对于根部的真菌群落的影响是多样而复杂的，其反应因研究地点、研究的温度范围和宿主植物而异（Fujimura and Egger，2012；Lorberau et al.，2017；Semenova et al.，2015；Rasmussen et al.，2020）。模拟增温在植物物种水平上降低了金露梅（*Potentillafruticosa*）根部真菌的丰富度，并改变了花苜蓿（*Melissilusruthenicus*）的根部真菌群落组成。这些实验结果表明，气候变暖对根部真菌的影响在不同宿主植物间表现出不一致的规律。尽管如此，由于该案例研究只检测了 14 种寄主植物，额外的研究应该包括更多的植物种类，以得出气候变暖对青藏高原根部真菌影响的共同结论。高寒草地植被的形态特征和组织养分差异显著（Gen et al., 2014），这可能导致根部真菌对气候变暖的不同反应（Rudgers et al., 2020）。然而，这种物种特异性反应背后的确切机制仍然未知，是未来需要研究的方向。

综上，选取的这项研究案例结果表明，尽管与根部的真菌群落组成没有显著的变化，但气候变暖可能导致不同寄主植物之间与根部的真菌群落组成更加不同。这一发现可以部分解释在寒冷环境中，根伴生真菌的寄主专一性低或无寄主专一性（Gao and Yang, 2016；Walker et al., 2011），在那里植物更快地适应新的生境，对于根部的真菌选择较少（Botnen et al., 2014）。建议未来研究进行这些细菌内生菌宿主特异性的比较，这将有助于加强我们对气候变化对植物-土壤微生物相互作用的生态学基础知识的理解。

2.3 气候变化对水文水资源的影响与驱动机制案例研究

近年来，全球气候变化加剧了全球水文循环（Miao et al., 2016；Gao et al., 2016；Liu X et al., 2017），进而增加了水文干旱的频率（Huang et al., 2016；Liu et al., 2016）。水文干旱对经济和社会活动具有广泛的影响。例如，水文干旱减少供水和发电，限制灌溉用水导致作物歉收，扰乱河岸生境，导致水质恶化等（Mishra and Singh, 2010）。了解单个气候区域内水文干旱的风险和演变特征至关重要，这些研究可以阐明水文干旱的演变特征和潜在机制，提高适应能力，减轻水文干旱的潜在风险。水文干旱的演变特征通常不遵循一组固定的时空模式（Huang et al., 2016）。因此，分析水文干旱和气候指数之间的联系有可能揭示推动水文干旱发展的水文气象机制的重要信息（Fleig et al., 2011）。

黄土高原位于中国第二大河流（黄河）的中上游。几千年来，它一直是中国的一个重要农业区，惠及中国总人口的8.5%（Kong et al., 2016）。由于一系列复杂的因素，包括独特的气候条件、独特的地理景观和强烈的人类活动，黄土高原遭受了严重的水土流失，导致黄河的输沙量巨大（即流量相对较小，但泥沙量巨大（Miao et al., 2011；Wu et al., 2017）。为了控制黄土高原严重的水土流失，近年来采取了许多水土保持措施。加上气候变化的影响，这导致了整个高原复杂的干旱状况（Liu Z et al., 2016）。因此，全面研究这一重要区域的干旱特征，对于保障该区域的粮食安全和生态环境的可持续发展是必不可少的。

本节案例使用非参数标准化径流指数（NSRI）来研究1961~2013年期间黄

土高原 17 个集水区水文干旱的时间特征。此外，使用交叉小波变换来揭示厄尔尼诺–南方涛动（ENSO）指数和 NSRI 序列之间的联系。这些结果可为黄土高原干旱的演变特征提供有价值的信息，揭示 ENSO 作用下的气候变化风险驱动机制，可用于预测和减轻高原未来的干旱（Wu et al.，2018）。

2.3.1 历史短期和长期水文干旱特征

图 2-9 显示了 1961～2013 年黄土高原 17 个集水区的水文干旱时间模式。可以看出，几乎所有 17 个集水区都有相似的总体趋势，在最近几年趋于更干燥的水文条件。然而，各集水区的具体情况各不相同。例如，大多数集水区在整个时间序列中表现出三个主要趋势：最初几年较潮湿，随后几年干湿交替，最后几年较干燥，只有大理、清涧、延河和渭河出现了明显的干湿交替现象。这表明大理、清涧、延河和渭河流域的水文干旱比其他流域发生得早，并且在早期（20世纪 60～70 年代）这些流域的水文干旱比其他流域更严重，这一结果与以前的研究结果一致（Ren et al.，2016）。总体而言，在所有研究的集水区，水文干旱的风险都很高。

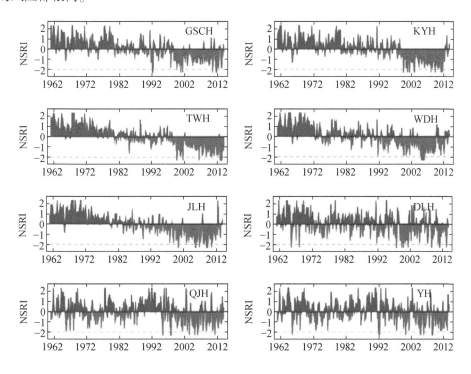

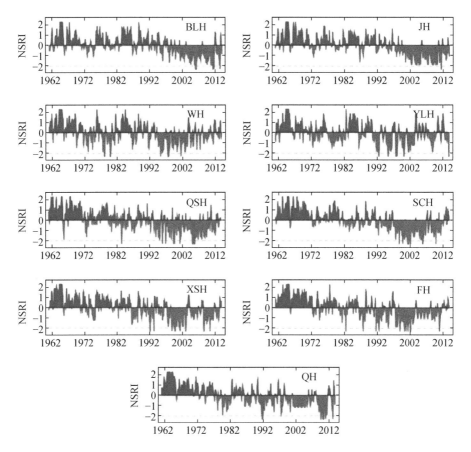

图 2-9 1961～2013 年黄土高原 17 个集水区的水文干旱时间模式

红（蓝）条分别表示发生水文干旱（或无水文干旱）。灰色虚线表示极端严重水文干旱对应的级别。

GSCH、KYH 和 TWH 等标注表示不同集水区名称缩写

2.3.2 NSRI 和 ENSO 事件的相关性

ENSO 事件与世界范围内的洪水和干旱事件密切相关，并对局部和区域尺度的气候产生重大影响（Ryu et al., 2010；Fleig et al., 2011；Huang et al., 2015）。调查 ENSO 指数和水文干旱有助于从气候变化的角度揭示水文干旱的成因，并在减轻水文干旱的潜在风险方面发挥重要作用。因此，使用交叉小波分析来评估 1961～2013 年黄土高原季节和年度尺度上 NSRI 序列和 ENSO 指数之间的相关性。选择窟野河和伊洛河区域作为黄土高原西北和东南地区的代表。

1961～2013 年年度尺度的交叉小波变换如图 2-10 所示。可以清楚地看到，ENSO 事件对窟野河和伊洛河的年 NSRI 序列产生了强烈的影响，表明 ENSO 事件强烈地影响了这两个流域的水文干旱演变特征。如图 2-10（a）所示，ENSO 事件与窟野河的年 NSRI 显著负相关，1961～1974 年的 2～3 年周期，1984～1991 年的 3～5 年周期（95％ 置信水平）。同样，ENSO 事件与伊洛河每年的 NSRI 系列显著负相关，1965～1969 年和 1993～1997 年的 2～3 年周期，1982～1992 年的 4～6 年周期（95％ 置信水平）。此外，ENSO 事件与伊洛河每年的 NSRI 显著正相关，2000～2005 年的 6～7 年周期（95％ 置信水平）。总的来说，ENSO 事件与黄土高原的年干旱密切相关，ENSO 事件的影响南强北弱（图 2-10）。黄土高原明显受到季风气候的影响，高原南部的降雨量比北部多（Xie et al.，2007；Miao et al.，2015；Ashouri et al.，2015）。然而，人类活动在高原南部也比北部更加密集（由于农业和城市用水量增加等原因），导致径流持续大幅减少，加剧了水文干旱。

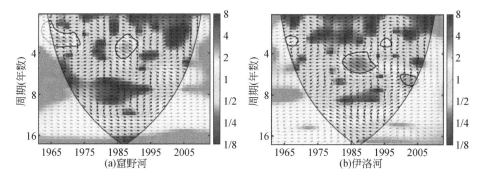

图 2-10　ENSO 事件和窟野河和伊洛河年度 NSRI 系列之间的交叉小波变换

黑色轮廓表示相对于红色噪声显著性达到 95％ 置信水平的区域。箭头表示相对相位关系，反相指左，同相指右

案例还研究了流域的季节性 NSRI 序列和 ENSO 事件之间的交叉小波变换，如图 2-11 所示。ENSO 事件对窟野河 NSRI 系列有很大影响。具体来说，在 1966～1972 年和 1977～1985 年的 2～3 年周期，春季 NSRI 系列与 ENSO 事件显著负相关（95％ 置信水平）。夏季 NSRI 系列与 1963～1971 年的 2～4 年周期和 1983～1989 年的 3～4 年周期的 ENSO 事件显著负相关（95％ 置信水平）。秋季 NSRI 系列也与 ENSO 指数显著负相关，1962～1974 年的 1～4 年周期，1992～1997 年的 3～4 年周期（95％ 置信水平）。冬季 NSRI 序列与 1964～1970 年间 2～4 年周期的 ENSO 事件显著正相关，但与 1974～1982 年间 5～6 年周期的 ENSO 事件显著

负相关（95% 置信水平）。

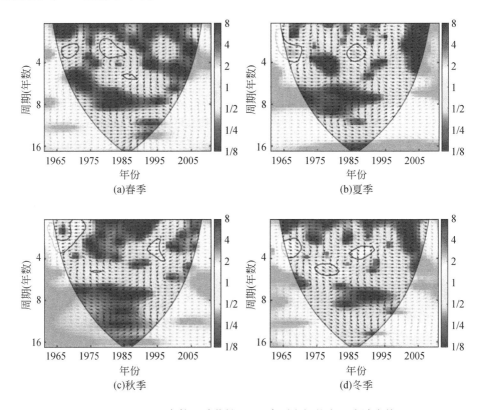

图 2-11　ENSO 事件和季节性 NSRI 序列之间的交叉小波变换

黑色轮廓表示相对于红色噪声显著性达到 95% 置信水平的区域。

箭头表示相对相位关系，反相指左，同相指右

第3章 气候变化风险评估理论

3.1 气候变化风险形成机制

3.1.1 气候变化风险形成过程解析

风险是不利事件发生的可能性及其后果的组合（刘燕华等，2005；ISO，2009）。灾害风险的定义种类较多，大多数关于灾害风险的定义都属于可能性和概率类型，其最本质的性质可归纳为未来性、不利性和不确定性，即分别从时间的角度、后果的角度以及后果的表征上揭示灾害风险的本质特征。联合国"国际减灾战略"（ISDR）针对由于自然灾害可能产生的风险，将风险定义为自然或人为灾害与承灾体脆弱性之间相互作用而导致的一种有害结果或预料损失发生的可能性。气候变化风险属于灾害风险的一种。IPCC 报告将气候变化风险定义为不利气候事件发生可能性及其后果的组合（IPCC，2007a），世界银行的研究报告认为气候变化风险是特定领域气候变化或气候变异后果的不确定性（The World Bank，2006）。对于灾害风险系统，首先必须存在风险源（即致灾因子）；其次，必须要有风险承受体（承灾体）。灾害就是致灾因子作用于承灾体的结果。根据气候变化风险的概念内涵，可以结合灾害风险和环境风险的基础理论，从致灾因子和承灾体的角度来分析气候变化风险的形成过程（吴绍洪等，2011）。

一方面，在气候变化风险体系中，致灾因子是以变暖为特征的气候变化，决定着风险发生的可能性（IPCC，2007b）。而作为风险源的气候变化不仅包括温升还包括极端气候事件，具体包括：气温、降水趋势等平均气候状况的变化；以及热带气旋、风暴潮、极端降水、河流洪水、热浪与寒潮、干旱等极端天气气候事件。致灾因子不仅在根本上决定某种灾害风险是否存在，还决定了该风险的大小。但有风险源并不意味着就一定有风险的存在，因为风险是相对于人类及其社会经济活动而言的，只有某种风险源危害到某种承受灾害的个体后，才具有风险。

另一方面，在气候变化风险体系中，承灾体即为遭受负面影响的自然系统和人类系统，包括人员、生计、环境服务和各种资源、基础设施，以及经济、社会或文化资产等（Jones，2004）。而如果致灾因子确定的前提下，是否发生气候风险以及气候风险的严重程度，跟承灾体的属性相关。脆弱性和暴露度是承灾体的两个属性，前者指受到不利影响的倾向或趋势，常以敏感性和易损性为表征指标；后者指处在有可能受到不利影响位置的承灾体数量（IPCC，2012）。也就是说，单独气候变化与极端气候事件并不一定导致灾害，而必须与脆弱性和暴露度交集之后才可能产生风险（吴绍洪等，2018）。

根据上述分析，用概念图表示气候变化风险形成的过程，如图3-1所示。在气候变化风险产生的过程中，气候变化是致灾因子，自然系统和人类社会是承灾体。首先，气候变化作为致灾因子，是风险源，会对自然和人类社会产生危害；其次，承灾体是致灾因子的作用对象，包括暴露度和脆弱性两个属性。当致灾因子作用于承灾体，也就是当危害性、脆弱性和暴露度产生交集之后才可能产生风险。所以，气候变化风险来自于气候变化产生的危害与人类和自然系统的暴露度和脆弱性的叠加作用。

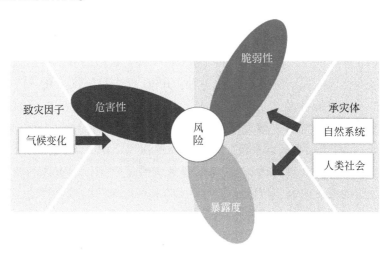

图3-1　气候变化风险形成的过程

3.1.2　气候变化风险构成三大要素

由气候变化风险形成过程可知，危害性、脆弱性和暴露度是气候变化风险构成的三大要素。

3.1.2.1 危害性

风险产生和存在与否的第一个必要条件是风险源，即致灾因子。致灾因子是可能造成财产损失、人员伤亡、资源与环境破坏、社会系统混乱等的异变因子。致灾因子不但在根本上决定某种灾害风险是否存在，而且还决定着该种风险的大小。当自然界中的一种异常过程或超常变化达到某种临界值时，风险便可能发生。一般来说，致灾因子的变异强度越大，发生灾变的可能性越大或灾变发生的频度越高，则该风险的危险性也越高。在气候变化风险体系中，危害性主要包括气候变暖和极端气候事件产生的危害。我国极端气候事件频发，未来危害性趋势明显：极端天气气候事件种类多、频次高，阶段性和季节性明显，区域差异大，影响范围广（高信度）。具体包括：高温热浪、干旱、暴雨、台风、沙尘暴、低温寒潮、霜冻、大风、雾、霾、冰雹、雷电、连阴雨等极端天气气候事件普遍存在，频繁发生，影响广泛；极端天气气候事件区域特征明显，季节性和阶段性特征突出，灾害共生性和伴生性显著；极端高温高发区较集中，干旱分布广泛，极端强降水多发于南部，台风登陆时间集中，沙尘暴季节性明显，霜冻及寒潮北强南弱，大风区域性特点突出（史培军，2016）。

3.1.2.2 脆弱性

脆弱性通常被界定为系统在外界干扰下容易受到损害的可能性、程度或状态，是承灾体受到自然灾害时自身应对、抵御和恢复能力的特性，可以分为自然脆弱（易损）性和社会脆弱（易损）性（Cutter，1996）。脆弱性由系统内部结构所决定，系统中单个元素的脆弱、结构松散、功能单一等都可能是形成脆弱性的根源，另外，还可能与对其他系统的依赖性或资源的依赖性密切相关。当研究人类系统的脆弱性时，人成为系统中最活跃的元素，人的某些行为直接影响到系统的脆弱性。脆弱性水平和人身、财产的暴露程度与一个国家或地区的经济发展水平密切相关，在经济发达的国家和地区，人们总是有更多的方法和措施来抵御风险，但是在经济欠发达地区，人们自我保护的手段十分匮乏，当灾害风险显现时，由于自然系统和经济系统异常脆弱，常常演变为巨灾，给人民的生命财产造成巨大损失。总体而言，脆弱性取决于两个因素：一是在适应气候变化时承灾体所表现出来的高敏感性；二是在适应气候变化时承灾体所表现出来的应对能力和适应能力的缺乏（Carreño et al.，2007）。脆弱性是某一系统与生俱来的一种内在属性，通过经济、社会、生态环境子系统的脆弱性表现出来，它与暴露与否没有关系，只不过是系统暴露在一定干扰的影响下脆弱性便会体现出来。暴露和干扰不是脆弱性产生的内因，而是风险形成的必要条件。当极端气候事件、脆弱性和暴露重合时，灾害风险有可能转化为现实的灾害，最终影响社会经济发展。

3.1.2.3 暴露度

承灾体的暴露度是指人员、生计、环境服务和各种资源、基础设施，以及经济、社会或文化资产处在有可能受到不利影响的位置。当特定灾害事件发生时的影响范围和承灾体分布在空间上存在交集时，一个致灾因子才能构成一种风险。如果人员、经济资源等没有处于有潜在风险的区域，就不会存在灾害风险的问题。例如，热带气旋能否造成灾害，取决于它在何时何地登陆（暴露度）。灾害经济损失增长的主要原因之一是人和经济资产暴露度的增加。在暴露的条件下，不利影响的程度和类型取决于脆弱性。例如，热浪天气会给不同的人造成不同的影响。暴露度是决定风险的必要条件，但不是充分条件，很多情况下可能有较大的暴露度，却不一定有较大的脆弱性。暴露度并非是一成不变的，而是随时间和空间尺度的变化而变化，并明显受到经济、社会、地理、人口、文化、体制、管理和环境等因素的影响。财富与教育水平、宗教信仰、性别、年龄、社会地位、健康程度的差异等都会导致个人和团体的暴露度的不同。随着世界经济的发展与城市化进程的推进，人类社会对极端气候的暴露度呈现出增加的趋势，这也是造成与天气气候有关的灾害经济损失长期增加的主要原因。不平衡的发展会导致高暴露度的产生，例如，管理失控和贫困人口、缺少生计选择的过程等。此外重视暴露度的时空动态变化和时间周期尤为重要。例如，建造堤坝系统可以通过提供短期防御来降低对洪水的暴露度，但同时也会形成某些具有长期风险的人居模式（秦大河等，2015）。

对于气候变化风险来说，脆弱性与暴露度是一组平行的概念，是表征承灾体两个方面特征的重要指标。其中，系统组分的响应程度，即敏感性，指系统固有的、内在的、潜在的脆弱因素面对外界扰动表现出来的不稳定性；适应能力是系统对外界干扰产生的适应性响应，即对变化的应对能力。而暴露度是指脆弱的承灾体暴露于气候因子下的程度，是系统置于气候因子下的"量"，而不属于系统的内在属性。

总体来说，气候变化对人类系统的不利影响主要通过脆弱性和暴露度来体现。社会经济发展过程的不均衡性和非气候因子的复杂性，导致了脆弱性和暴露度的巨大差异，形成了不同的气候变化风险。近期极端气候事件（热浪、干旱、洪水、热带气旋等）的影响表明了一些生态系统和许多人类系统对气候变率表现出明显的脆弱性和暴露度。气候灾害加剧了其他威胁，经常给生计（特别是贫困人口）带来不利影响。暴露度和脆弱性是动态的，它们因为时空尺度而异，并取决于经济、社会、人口、文化、体制和管理等因素。从气候变化的新视角来考虑，则要看到气候变化带来的脆弱性、暴露度及相关的灾害风险的改变。

3.1.3 气候变化风险构成函数表达

基于气候变化风险形成过程和构成三要素的分析，提出气候变化风险的函数表达。气候变化风险是由危害性、脆弱性和暴露度构成的非线性函数，如下式：

$$R = f(H, V, E)$$

式中，R 为气候变化风险；H 为危害性；V 为脆弱性；E 为暴露度。

其中，脆弱性越高，则系统越容易受到气候变化的不利影响，其风险可能越大。系统对气候变化不利事件的敏感性，也可以称之为气候变化对系统的破坏力。暴露度是指区域或系统暴露于气候变化的程度。暴露度越高，则其受到气候变化不利影响的风险越大。危害性是指气候变化不利事件发生的概率和强度。可能性评估是气候变化风险研究的重要内容之一，其主要来源于气候变化的不确定性，包括不同排放情景、不同气候模式等。目前，已经有一些科学家正努力尝试基于多模型与多情景，通过贝叶斯概率的方法估算不同升温程度及其后果的可能性（Jones, 2010; Jones and Preston, 2010; Nottage et al., 2010）。在概率估计的基础上，评估气候变化导致系统不利后果的总体期望，可以有效地预测气候变化风险，降低不同情景、不同模型单独研究的不确定性（吴绍洪等，2011）。

由风险函数表达可知，气候变化风险水平取决于气候变化危害的严重程度以及承灾体的脆弱性大小和暴露度。当气候危害性越大，或者当自然或人类系统脆弱性越大、暴露度越高时，气候变化风险越大。反之，通过降低气候的危害性，减小自然或人类系统的脆弱性或暴露度，可以有效降低气候变化风险。以台风带来的气候变化风险为例，某台风的等级越高，危害性越大；台风登陆地的某建筑物越不坚固，作为受灾体的脆弱性越大；建筑物离台风登陆地点越近，暴露度越大。那么当等级高的台风登陆地紧邻建筑物，且建筑物构造不够坚固，那么在这样的风险体系中，台风所带来的气候变化风险是较大的。

气候变化风险的函数表达为气候变化风险的定量评估奠定了理论基础。此外，函数表达还为降低气候风险措施提供了思路，将降低暴露程度和降低脆弱性作为核心着力点。暴露度和脆弱性总是动态变化的，呈现出不同的时空特点，取决于经济、社会、地理、人口、文化、治理和环境的因素。不同人群的暴露度和脆弱性也很不相同，这取决于收入、教育水平及其他的社会和文化特征。相对而言，减少暴露在技术上比较容易实现，可以通过加强防护、科学规划、合理的人口布局等途径得以实现。但是降低脆弱性相对比较困难，需要通过改变和调整系统的内部结构得以实现（刘冰和薛澜，2012）。

3.2 气候变化风险评估方法

对气候变化风险进行定量评估是风险管理的基础，同时也是适应气候变化需要解决的重要科学问题。气候变化风险最基本的性质可归纳为未来性、不利性和不确定性，即分别从时间的角度、后果的角度以及后果的表征上揭示自然气候变化风险的本质特征。风险定量评估是在充分考虑影响评价不确定性的基础上，量化系统未来可能遭受的损失（吴绍洪等，2018）。

3.2.1 气候变化风险评估步骤

从气候变化风险的三要素入手，将气候变化风险评估过程分为以下几个步骤（图3-2）：

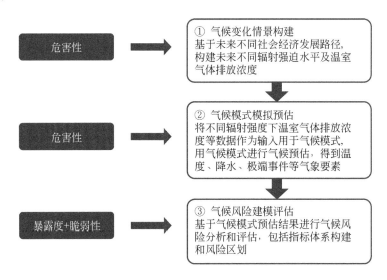

图 3-2　气候变化风险评估步骤

1）气候变化情景构建。针对危害性，需要基于特定的社会经济情景，预估未来不同的气候变化情景。以达到风险分析的目标，即定量分析影响阈值与不确定范围之间的关系。

2）气候模式模拟预估。针对危害性，开展不同气候变化情景预测，得到不同气象要素，或者气候系统达到或超过关键阈值而导致不利后果的概率。气候预估是气候变化风险评估的难点之一，主要来源于气候情景的不确定性。

3）气候风险建模评估。①暴露单元识别。该步骤的主要目的是确定风险受体。识别暴露于气候系统下的系统单元，如生态系统、水资源、社会经济系统等，暴露单元也可能是某个区域单元。在暴露单元识别后，选取合适的指标体系，评估可能受气候变化影响的系统暴露量。②关键气候因子识别。该步骤的主要目标是辨识暴露单元的关键气候影响因子。不同暴露单元的关键气候因子可能有所差别，如洪涝风险的关键气候因子可能是降水强度，高温风险的关键气候因子则可能是气温。③脆弱性分析。识别不同系统对主要气候因子变化的响应程度，如 1℃ 升温情景下系统可能发生的变化。④确定关键阈值。确定关键阈值是气候变化风险研究的关键步骤。气候变化是否达到危险程度，即气候变化的程度是否达到或超过自然或社会经济系统所能承受的范围，一旦达到或超过该范围，则会形成损失，这个范围的临界点即为关键阈值。⑤风险评估。在敏感性、暴露度评估的基础上，进行不同领域或区域的气候变化风险评估，并开展不同时段、不同区域的风险制图工作（吴绍洪等，2011）。

3.2.2 气候变化情景构建

3.2.2.1 气候变化情景发展历程

气候变化风险具有自然和社会双重属性，气候变化风险是危害性、脆弱性及暴露度综合作用的结果。因此，对气候变化风险的评估必须考虑承灾体的暴露度和脆弱性。但是，暴露度和脆弱性是动态的，因时空尺度而异，还取决于经济、社会、人口、文化、体制和管理等因素。开展历史时期灾害损失和影响研究，可以通过统计年鉴及文献记录获取相关社会经济信息。气候变化风险评估不仅与排放情景有关，也受制于社会经济发展模式。

情景是对未来如何发展变化的可能性描述，是根据连贯的和内部一致的原则对重要驱动力和重要关系的一组假设。预估未来全球和区域气候变化需要构建未来社会经济变化和温室气体排放等一系列情景。在气候变化研究中，常用的情景有气候变化情景、排放情景和社会经济情景等。这些情景涉及未来社会、经济、技术的方方面面，需要对各种可能的发展状况加以定性或定量的描述。建立在一系列科学假设基础之上，对未来气候状态的时间和空间分布形式的合理描述，通常称为气候变化情景（简称气候情景），可分为增量情景和气候模式模拟的情景。最早使用的气候变化情景，包括气温和降水增量情景、二氧化碳（CO_2）倍增和渐进递增情景，仅考虑了温室气体浓度的简单变化，一般把气候情景作为输入用于气候模式计算。

1990 年以来，IPCC 先后提出了 SA90、IS92、SRES、RCPs 等温室气体排放情景。对温室气体排放量的估算方法越来越先进和全面，政府管理和决策对温室气体排放量的影响逐步纳入评估范围，对过去和未来温室气体排放状况、未来技术进步等也有了进一步考虑。在上述情景中，对未来的社会经济发展过程有所考虑。为了加强对未来全球社会经济发展过程的认识，IPCC 又推出描述全球社会经济发展情景的有力工具——共享社会经济路径（shared socio-economic pathways，SSPs）（秦大河等，2021）。气候变化情景的发展与应用如表 3-1 所示。

表 3-1 气候变化情景的发展与应用

阶段	排放情景概述	相应的社会经济情景	特点/变化	应用情况
SA90 情景及之前	考虑 CO_2 倍增或递增，特别是 CO_2 加倍试验，SA90 情景包括 A、B、C、D 四种情景	所有的社会经济情景的人口和经济增长假设相同，只有能源消费不同	最早使用的全球情景，简单的温室气体浓度变化的描述和假设	FAR 及之前的气候模拟
IS92 系列情景	包含 6 种不同排放情景（IS92a 到 IS92f）a、b、c、d、e 和 f 6 种排放情景中考虑了单位能源的排放强度	分别考虑了高、中、低的人口和经济增长及不同的排放预测，代表未来世界不同的社会、经济和环境条件	考虑了与能源、土地利用等相关的 CO_2、CH_4、N_2O 和 S 排放，预测未来温室气体和化物气溶胶排放的情况	IS92a 构成了第二次评估的基础，用于 IPCC 第二次评估及气候模式预测
SRES 情景	主要由 A1、A2、B1、B2 共 4 个情景"家族"组成，包含 6 组解释型情景（B1、A1T、B2、AIB、A2 和 AIF1），共计 40 个温室气体排放参考情景	建立了 4 种可能的社会经济发展框架，考虑人口、经济、技术、公平原则、环境等驱动因子：其中 A1 和 A2 强调经济发展，但在经济和社会发展程度上有所不同；B1 和 B2 强调可持续发展，但在发展程度上存在不同	温室气体排放预测与社会经济发展相联系。出现情景族，表示有着相似的人口统计、社会、经济、技术变化的情节的多个情景组合	主要用于 IPCC 第三次和第四次评估，得到科学团队和决策团队的广泛应用，成为气候变化领域的"标准情景"

阶段	排放情景概述	相应的社会经济情景	特点/变化	应用情况
RCPs/SSPs 情景	以典型浓度路径（RCPs）描述辐射强度，包括 RCP8.5、RCP6、RCP4.5、RCP3–PD（通常取 2.6）四种典型路径，每一个 RCP 代表一大类温室气体排放和 CO_2 浓度的情景，其中 RCP8.5 为持续上涨的路径，RCP6 和 RCP4.5 为没有超过目标水平达到稳定的两种不同路径，RCP3–PD 为先升后降达到稳定的路径	基于 RCPs 定义社会经济情景（SSPs），可以包括人口增长、经济发展、技术进步、环境条件、公平原则、政府管理、全球化等影响因素；使用 RCPs 与 SSPs 组成矩阵的方式描述，体现辐射强迫和社会经济情景的结合，更好地分析气候情景与社会经济的联系和影响	改变了过去先根据社会经济情景设定排放情景，然后在模式评估中应用放情景的模式。不仅包括全球特征，还可以根据实际情况和需要进行设定区域特征，可以设定人为减排因素，为评估气候政策的效果提供了可能	用于 IPCC 第五次评估，为更好地分析评估人为减排等气候政策影响，为选择适应与减缓技术和政策提供了研究平台

3.2.2.2　典型浓度路径情景

2005 年 IPCC 提出了典型浓度路径（representative concentration pathways, RCPs）的概念。典型（representative）表示只是许多种可能性中的一种可能性，用浓度（concentration）而不用辐射强迫是要强调以浓度为目标，路径（pathways）则不仅仅是指某一个数值的量级，而是包括达到这个数值的各种过程（秦大河等，2021）。

RCPs 即用单位面积的辐射强迫表示未来 100 年温室气体稳定浓度的新情景，目前应用较多的 4 种 RCPs 情景强度范围分为 RCP8.5、RCP6.0、RCP4.5 和 RCP2.6（图 3-3）。

1）RCP8.5 是最高的温室气体排放情景。这个情景假定人口最多、技术革新率不高、能源改善缓慢，所以收入增长慢。这导致长时间高能源需求及高温室气体排放，而缺少应对气候变化的政策。这个情景是根据国际应用系统分析研究所（IIASA）的综合评估框架和能源供给策略以及环境影响模型（MESSAGE）建立的。

2）RCP6.0 情景反映了生存期长的全球温室气体和生存期短的物质的排放，以及土地利用/陆面变化，导致到 2100 年辐射强迫稳定在 $6.0W/m^2$。根据亚洲–

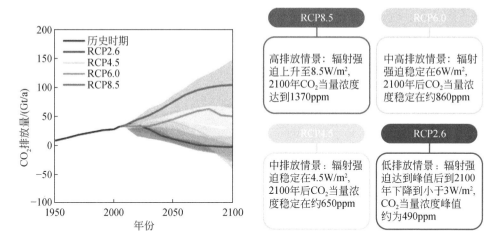

图3-3　RCPs情景

1ppm＝1×10⁻⁶

太平洋综合模式（AIM），温室气体排放的峰值大约出现在2060年，以后持续下降。2060年前后能源改善强度为每年0.9%～1.5%。通过全球排放权的交易，任何时候减少排放均物有所值。用生态系统模式估算地球生态系统之间通过光合作用和呼吸交换的CO_2。

3）RCP4.5情景反映了2100年辐射强迫稳定在4.5W/m²。用全球变化评估模式（GCAM）模拟，这个模式考虑了与全球经济框架相适应的，长期存在的全球温室气体和生存期短的物质的排放，以及土地利用/陆面变化。模式的改进包括历史排放及陆面覆盖信息，并遵循用最低代价达到辐射强迫目标的途径。为了限制温室气体排放，要改变能源体系，多用电能、低排放能源技术，开展碳捕获及地质储藏技术。通过降尺度得到模拟的排放及土地利用的区域信息。

4）RCP2.6情景反映了全球平均温度上升限制在2℃之内的情景。无论从温室气体排放，还是从辐射强迫来看，这都是最低端的情景。在21世纪后半叶能源消耗为负排放。排放的计算是假定所有国家均参加，中等排放基准，采用的模式是全球环境评估综合模式（IMAGE）。2010～2100年累计温室气体排放比基准年减少70%。为此要彻底改变能源结构及CO_2外的温室气体排放，特别提倡应用生物质能、恢复森林等措施（秦大河等，2021）。

3.2.2.3　共享社会经济路径情景

共享社会经济路径（shared socio-economic pathways，SSPs）情景设定方法的

益处在于，人们可以根据当前各个国家和区域的实际情况及发展规划获得具体的社会经济发展情景，不仅可用于全球、国家和区域，还可用于更小的地区和范围。同时，SSPs 情景设定方法还可以根据需要或区域的实际情况，改变人口发展模式或经济增长速度，通过改变不同因素而获得一个区域新的社会经济战略选择（姜彤等，2018）。

以 SSPs 为核心的社会经济新气候变化情景，反映了辐射强迫和社会经济发展间的关联。每一个具体 SSP 代表了一种发展模式，包括相应的人口增长、经济发展、技术进步、环境条件、公平原则、政府管理、全球化等发展特征和影响因素的组合，还包括定量的人口、GDP、经济等数据，也包括对社会发展的程度、速度和方向的具体描述（表 3-2）（秦大河等，2021）。

表 3-2　SSPs 社会经济发展状况具体假设

	人口增长	经济发展	环境条件	公平原则	技术进步	政府管理	全球化
SSP1（B1/A1T）	↗	↗	↗	→	↗	↗	↗
SSP2	↗	↗	→	→	↗	↗	↗
SSP3（A2）	↗	↗	↘	↘	→	↘	↘
SSP4	↗	↗	↘	↘	→	→	↘
SSP5	↗	↗	→	关注化石能源技术	↗	↗	↗

注：箭头的形状代表各因素变化的趋势

2012 年，在阿根廷召开的 IPCC 第五次评估报告第二工作组专题会议上，确定了 5 个基础型 SSPs 的主要特征，分别是：

可持续发展（SSP1），考虑可持续发展目标，同时降低资源强度和对化石能源的依赖程度。SSP1 是一个实现可持续发展、气候变化挑战较低的路径。降低资源强度和化石能源依赖度，低收入国家快速发展，全球和经济体内部均衡化，技术进步，高度重视预防环境退化，特别是低收入国家的快速经济增长降低了贫困线下人口的数量。

中度发展（SSP2），维持近几十年的发展趋势，实现部分发展目标，逐步减少对化石燃料的依赖。SSP2 是中间路径，面临中等气候变化挑战，主要特征包括：世界按照近几十年来的典型趋势继续发展下去，在实现发展目标方面取得了一定进展，一定程度上降低了资源和能源强度，慢慢减少对化石燃料的依赖。

局部或不一致发展（SSP3），区域差异特征明显，贫富差距大，未能实现发展目标，对化石燃料依赖较大。SSP3 是局部或不一致的发展，面临高的气候变化挑战，主要特征包括：世界被分为极端贫穷国家、中等财富国家和努力保持新增人口生活标准的富裕国家。它们之间缺乏协调，区域分化明显。

不均衡发展（SSP4），以适应挑战为主，国家内部和国家之间高度不平等，人数相对少且富裕的群体产生大部分的排放。

常规发展（SSP5），是一个传统发展的情景，以减缓挑战为主。这个路径强调传统的经济发展导向，通过强调自身利益实现的方式来解决社会和经济问题。

3.2.3 气候模式模拟预估

3.2.3.1 全球气候模式

大气、气候系统的运动和变化均遵从基本的物理定律。这些物理定律通常以数学方程式表达，构成了气候系统的数学模式。大气与地球表面之间有交互作用的存在，为了更接近实际状况耦合模式演化出来。20 世纪 70 年代中期以来，各分量模式合入气候模式中的次序和内容可参见图 3-4。在模式中不断耦合入新的分量的同时，气候模式的分辨率也逐渐提高，如由早期的水平 500km、垂直 9 层左右，发展到了目前的一般水平 100km、垂直近百层左右，并还在继续增加，而越来越多的模式中引入了化学和生物学内容，考虑碳、氮循环等生物地球化学过程，形成复杂的地球系统模式（秦大河等，2021）。

全球各大气候模拟中心相继发布大量的气候模式数据，科学界迫切需要有专门的组织来对这些模拟结果进行系统的分析。为适应这一需求，世界气候研究计划（WCRP）耦合模拟工作组（WGCM）组织了国际耦合模式比较计划（CMIP），并逐渐发展成为以"推动模式发展和增进对地球气候系统的科学理解"为目标的庞大计划。迄今为止，WGCM 先后组织了 6 次模式比较计划（CMIP1-6）。共计 33 家（表 3-3）机构注册参加 CMIP6，其模式版本也创纪录地达到了 112 个。中国有 9 家机构报名参加 CMIP6，注册的地球/气候系统模式版本有 13 个（表 3-4）。在这 9 家机构中，除了传统的模式研发机构如中国科学院大气物理研究所和国家气候中心等 5 家之外，清华大学、南京信息工程大学、中国气象

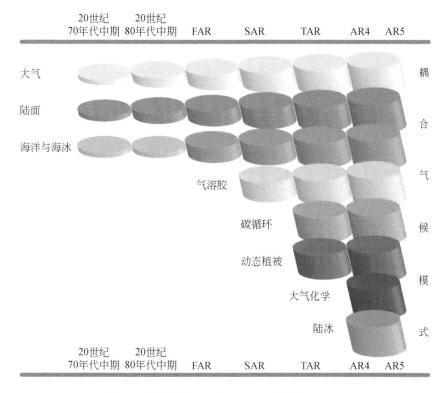

图 3-4　气候模式发展过程（秦大河等，2021）

FAR、SAR、TAR、AR4 和 AR5 分别指 IPCC 第一次、第二次、第三次、第四次和第五次评估

科学研究院和来自中国台湾的"中央研究院"均为首次独立参加 CMIP。我国参与 CMIP6 的模式水平分辨率较之 CMIP5 有一定的提高（Sun et al.，2014；Coquard et al.，2004），大气模式分辨率多在 100km 左右，海洋模式分辨率 100km 与 50km 各占一半。

表 3-3　参与 CMIP6 的气候/地球系统模式研发单位及其国家（地区）（周天军等，2019）

研究单位	国家（地区）	研究单位	国家（地区）
阿尔弗德·魏格纳研究所	德国	中国科学院大气物理研究所 LASG 国家重点实验室	中国
国家气候中心	中国	德国空间中心大气物理研究所	德国
北京师范大学	中国	英国气象局哈德莱中心	英国

续表

研究单位	国家 （地区）	研究单位	国家 （地区）
中国气象科学研究院	中国	马普气象研究所	德国
中国科学院大气物理研究所 CasESM 研发团队	中国	日本气象局气象研究所	日本
加拿大环境署	加拿大	美国宇航局戈德空间研究所	美国
印度热带气象研究所气候变化研究中心	印度	美国国家大气科学研究中心	美国
欧洲地中海气候变化中心	意大利	挪威气候中心	挪威
国家气象研究中心	法国	自然环境研究院	英国
科学与工业研究院	南非	韩国气象局气象研究所	韩国
联邦科学与工业研究组织	澳大利亚	国家大气海洋局地球流体动力学实验室	美国
美国能源部	美国	南京信息工程大学	中国
欧盟地球系统模式联盟	欧盟	"中央研究院"环境变化研究中心	中国台湾
自然资源部第一海洋研究所	中国	国立首尔大学	韩国
俄罗斯科学院计算数学研究所	俄罗斯	清华大学	中国
空间研究国立研究所	巴西	东京大学	日本
皮埃尔–西蒙拉普拉斯研究所	法国		

表 3-4 中国参与 CMIP6 计划的地球/气候系统模式及其参与的比较计划（周天军等，2019）

模式名称	所属机构	模式分辨率/km		参与的比较计划
		大气	海洋	
BCC-CSM2-HR	国家气候中心	50	50	CMIP、HighResMIP
BCC-CSM2-MR	国家气候中心	100	50	CMIP、C4MIP、CFMIP、DAMIP、DCPP、GMMIP、LS3MIP、ScenarioMIP
BCC-ESM1	国家气候中心	250	50	CMIP、AerChemMIP
BNU-ESM-1-1	北京师范大学	250	100	CMIP、C4MIP、CDRMIP、CFMIP、GMMIP、GeoMIP、OMIP、RFMIP、ScenarioMIP
CAMS-CSM1-0	中国气象科学研究院	100	100	CMIP、ScenarioMIP、CFMIP、GMMIP、High-ResMIP

模式名称	所属机构	模式分辨率/km		参与的比较计划
		大气	海洋	
CAS-ESM1-0	中国科学院	100	100	AerChemMIP、 C4MIP、 CFMIP、 CMIP、 CORDEX、 DAMIP、 DynVarMIP、 FAFMIP、 GMMIP、 GeoMIP、 HighResMIP、 LS3MIP、 LUMIP、 OMIP、 PMIP、 SIMIP、 ScenarioMIP、 VIACS AB、 VolMIP
CIESM	清华大学	100	50	CFMIP、 CMIP、 GMMIP、 HighResMIP、 OMIP、 SIMIP、 ScenarioMIP
FGOALS-f3-H	中国科学院	25	10	CMIP、HighResMIP
FGOALS-f3-L	中国科学院	100	100	CMIP、 DCPP、 GMMIP、 OMIP、 SIMIP、 ScenarioMIP
FGOALS-g3	中国科学院	250	100	CMIP、 DAMIP、 DCPP、 GMMIP、 LS3MIP、 OMIP、 PMIP、 ScenarioMIP
FIO-ESM-2-0	自然资源部第一海洋研究所	100	100	CMIP、C4MIP、DCPP、GMMIP、OMIP、ScenarioMIP、SIMIP
NESM3	南京信息工程大学	250	100	CMIP、 DAMIP、 DCPP、 GMMIP、 GeOMIP、 PMIP、ScenarioMIP. VolMIP
TaiESM1	"中央研究院"环境变化研究中心	100	100	AerChemMIP、 CFMIP、 CMIP、 GMMIP、 LUMIP、PMIP、ScenarioMIP

3.2.3.2　区域气候模式

如果要在更小尺度的区域和局地进行气候变化情景预估，由于全球气候模式分辨率一般较低，如 CMIP6 模式分辨率仍在 100km 左右，所以需要区域气候模式。可以采用降尺度方法得到区域气候模式，目前主要有两种降尺度法，即统计降尺度和动力降尺度。其中统计降尺度方法通过在大尺度模式结果与观测资料之间建立联系，得到降尺度结果。动力降尺度一般使用区域气候模式进行，也即在全球模式或再分析资料提供的大尺度强迫下，用高分辨率有限区域数值模式模拟区域范围内对次网格尺度强迫的响应，从而得到更高空间尺度上气候信息的细节。

目前国际和国内得到较多应用的区域模式，有 RegCM 系列、MM5 及后来的

WRF（气候版）、PRECIS 和 HadRM、RAMS、RSM、HIRHAMREMO、RCA、CRCM、CCLM 和 RIMES 等。例如，RegCM 系列模式由国际理论物理中心（ICTP）进行维护和发展，目前的版本序列号为 RegCM4.7，其中包括气溶胶和沙尘模块，与不同区域海洋模式的耦合，与 CLM4.5 陆面模式的耦合等内容，同时具有了非静力平衡选项，并可进行云可分辨尺度的模拟。RegCM 系列模式在中国和东亚地区有着广泛的应用，它是一个开源的模式，其程序和资料可以在 http://gforge.ictp.it/gf/project/reg.cm 和 http://users.ictp.it/Reg CNET/globedat.html 上下载，在 Linux 或 Unix 平台下运行。当气候变化的影响评估和风险研究成为重要方向，需要得到区域和局地尺度更详细的气候变化预估信息，区域模式将是最主要的手段之一（秦大河等，2021）。

3.2.3.3 模式优化校正

气候模式的预估准确性非常重要。将气候模式结果直接应用于驱动，如水文、农业或生态等影响评估模式时，其偏差则会对模拟产生很大影响，需要对数据进行优化和校正。尤其是随着对气候变化影响评估和脆弱性及风险研究的深入，这一问题也得到了越来越多的重视。气候模式的优化校正研究在国际上已进行了较广泛的开展和应用，它有时也被归入统计降尺度的研究范围，或被称为模式输出统计法（model output statistics，MoS）、统计转换（statistical transformation）等。对气候模式结果进行误差订正的方法有很多，其中最简单的就是扰动法（perturbation method）扰动法简便易行，但一般仅适用于对平均态的校正上，较难应用于日尺度数据的处理，且不能对数学分布方面误差进行校正。目前较常用的方法是基于概率分布的校正，即分位数映射方法，在选定的参照时段内，分别计算观测和模拟值的累积概率分布函数，构建两者之间的传递函数。然后利用传递函数，校正其他时段内模拟值的分布函数，最终达到降低模式模拟误差的目的。按照传递函数构造方法的不同，还可以进一步分为参数转换和非参数转换。相比而言，采用非参数转换的方法来建立传递函数的适用性更广泛。下面结合两个研究案例，介绍两种优化和校正方法。

（1）多目标优化算法

在历史模拟和未来预测中，全球气候模式（GCMs）的性能并不总是彼此一致的（Sun et al.，2014；Coquard et al.，2004；Phillips and Gleckler，2006；Räisänen，2007；Giorgi and Coppola，2010；Sun et al.，2015）。为了更好地利用 GCMs 的输出并提高它们的预测可靠性（Tebaldi and Knutti，2007），大量多模型集成技术被发明，包括简单模型平均（SMA）（Hagedorn et al.，2005）、贝叶斯

模型平均（BMA）（Duan and Phillips，2010；Min and Hense，2006，2007；Miao et al.，2013）、可靠性总体平均值（REA）（Giorgi and Mearns，2002；Torres and Marengo，2013）等。使用多模型集成技术的最大优势在于其减少了模型的不确定性，即模拟和观测之间的偏差范围（Miao et al.，2014；Giorgi and Francisco，2000；Zanis et al.，2009），提高了模型输出的可靠性（Feng et al.，2011）。通常，使用上面提到的多模型集成技术将只产生一个最佳集成输出。最终单一集合解决方案不能揭示模型性能的多个方面，也不能在另一个集合解决方案之间提供信息。

MOSPD 算法即多目标混合复杂进化全局优化算法（Yang et al.，2015）的优点包括：一是基于进化的搜索特性允许在一次运行中同时获得多个解；二是它能够处理高维问题并广泛利用目标空间，从而可以获得大多数极值解。从应用的角度来看，MOSPD 算法的这些优点符合在 GCM 集合评估中引入更多独立统计的目标，在 GCM 集合的例子中，如果考虑不同的统计测量（即均方根误差、相关系数和不确定性）作为目标函数，多目标优化算法更有应用前景。

表 3-5　24 个全球气候模式列表

编号	模式名称	空间分辨率/(m×m)	机构
1	BCC-CSM1.1	64×128	中国气象局北京气候中心
2	BCC-CSM1.1（m）	160×320	中国气象局北京气候中心
3	BNU-ESM	64×128	北京师范大学
4	CanESM2	64×128	加拿大气候建模和分析中心
5	CCSM4	192×288	美国国家大气研究中心（NCAR）
6	CNRM-CM5	128×256	法国国家气象研究中心
7	CSIRO-Mk3.6.0	96×192	澳大利亚联邦科学和工业研究组织
8	FGOALS-g2	108×128	中国科学院大气物理研究所
9	FIO-ESM	64×128	自然资源部第一海洋研究所
10	GFDL-CM3	90×144	美国地球物理流体动力学实验室
11	GFDL-ESM2G	90×144	美国地球物理流体动力学实验室
12	GISS-E2-H	90×144	美国戈达德空间研究所
13	GISS-E2-R	90×144	美国戈达德空间研究所
14	HadGEM2-ES	145×192	英国气象局哈德利中心
15	IPSL-CM5A-LR	96×96	法国皮埃尔·西蒙·拉普拉斯学院
16	IPSL-CM5A-MR	143×144	法国皮埃尔·西蒙·拉普拉斯学院

编号	模式名称	空间分辨率/（m×m）	机构
17	MIROC5	128×256	日本东京大学大气海洋研究所
18	MIROC-ESM	64×128	日本东京大学大气海洋研究所
19	MIROC-ESM-CHEM	64×128	日本海洋地球科学技术研究机构，大气层和日本海洋研究所（东京大学）
20	MPI-ESM-LR	96×192	德国马克斯·普朗克气象学研究所
21	MPI-ESM-MR	96×192	德国马克斯·普朗克气象学研究所
22	MIROC-ESM-CHEM	160×320	日本气象研究所
23	NorESM1-M	96×144	挪威气候中心
24	MIROC-ESM-CHEM	96×144	挪威气候中心

对优化中国不同地理区域的地面气温（SAT）集合解进行个例研究（Yang et al., 2018），数据涵盖 1900～2100 年，利用 24 个大气环流模式（表 3-5）的 SAT 输出来发展集合。将所提出的 MOSPD 算法应用于权重调整过程，以产生最终的非支配解。将对历史时期（1900～2005 年）采用 MOSPD 算法得到的集合结果与观测结果以及简单模型平均（SMA）的结果进行了比较，并对从最优解获得的重量分布进行统计分析。采用均方根误差（RMSE）、相关系数（CC 或 R）和不确定性作为评价 GCMs 性能的常用统计量。为了更好地可视化，在图 3-5 将结果进行投影处理，其中图 3-5（a）是中国中北部的结果，图 3-5（b）～（d）分别显示了 RMSE–不确定性平面、相关性–RMSE 平面和相关性–不确定性平面上的投影。历史时期（1900～2005 年）的模拟结果表明，从 MOSPD 得到的非支配解优于 SMA 和任何单一模型结果，具有较低的 RMSE 值、较高的 CC 值和较小的不确定性范围。

（2）偏差校正

近年来，虽然大气环流模型的精确度不断提高，但它们的直接使用仍然有限，因为大气环流模型的系统偏差仍然很大、大气物理学的模型输入或参数校准不完善（Xu and Yang, 2012；Hempel et al., 2013）。国际上发展了很多统计偏差校正方法来消除 GCMs 输出中的偏差，这种方法的一般概念是用分布函数变换来校正模型模拟，使得模型输出的调整分布类似于观察值。随着计算机科学领域的最新进展，许多人工智能和数据挖掘技术得到了发展，并开始应用于各个领域。许多人工智能和数据挖掘算法显示了它们在解决不同类型的分类和预测问题方面的潜力，以及它们分析不同类型数据的灵活性。例如，人工神经网络是最流行的

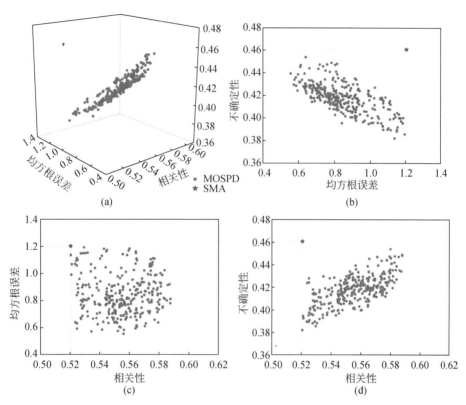

图 3-5　1900～2005 年期间，中国中北部的 SMA 集合解（蓝色）和 MOSPD（红色）目标空间（a）、RMSE–不确定性投影平面（b）、相关性–RMSE 投影平面（c）和相关性–不确定性投影平面（d）

人工智能和数据挖掘结构之一，因为它具有捕捉非线性关系的能力以及有希望的结果（Trigo and Palutikof，1999；Snell et al.，2000；Haupt et al.，2008；Yang et al.，2016；Yang et al.，2018）。人工智能和数据挖掘集成算法，如基于残差分类树方法，也有广泛的应用，并被证明在各个领域优于单个模型，特别是在捕捉数据的稳定性方面（Breiman，1996；Kohavi and Kunz，1997；Opitz and Maclin，1997；Bauer and Kohavi，1999）。考虑到数据的稳定性对于气候数据偏差校正是至关重要的，特别是在将算法扩展到未来预测时，人工智能和数据挖掘技术被证明是合适的工具。

目前，大多数偏差校正方法都假设模型偏差是稳定的。基于残差分类树方法是一种非平稳偏差校正模型，用于减少模拟偏差并量化单一模型的贡献。该方法包括三个步骤：①数据处理，即构造模型残差作为特征对原始数据进行去趋势处理；②模型学习，即对训练数据进行子采样，并基于该子集作为基础预测器生成回归树，重复该过程多次；③模型预测，即取基本预测器输出的平均值作为最终预测。

对我国10个主要流域（松花江流域、辽河流域、海河流域、黄河流域、淮河水系、长江流域、东南诸河流域、珠江流域、西南诸河流域、西北诸河流域）不同季节进行实例研究（Tao et al., 2018）。图3-6显示了基于残差分类树方法、偏差校正方法与最优原始单模型三种方法的 RSME，这些模型在验证期（1956～2005 年）内对 10 个研究区域和不同季节进行了平均。与总体平均值相比，RMSE 越高，每个模型的改进就越多。对于这 10 个研究区域，基于残差分类树方法始终优于偏差样正方法和最优原始单模型。此外，对于所有流域的大多数季节，基于残差分类树方法取得了相当显著的改善，尤其是长江流域（第6位）、西南诸河流域（第9位）和西北诸河流域（第10位）。结果显示基于残差分类树方法可以显著降低偏差和 RSME，能够提供准确和稳定的预测，同时将非平稳性纳入建模框架。

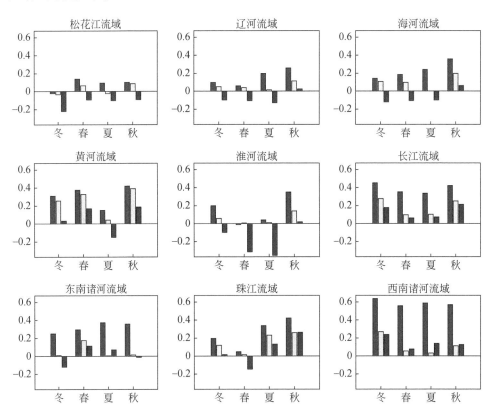

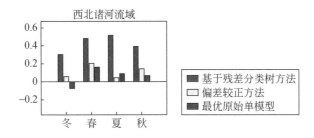

图3-6 基于残差分类树方法、偏差校正方法与最优原始单模型三种方法的 RSME

3.2.4 气候变化风险建模评估

3.2.4.1 气候变化风险评估模型构建

目前国际上比较流行的气候变化风险评估模型大致包括气候模式与农林牧等领域模型、统计方法、风险指数与概率模型、定量评估模型。其中，气候模式与农林牧等领域模型主要为气候学、各评估领域的相关报告和论文所报道，主要是对趋势性演变和突发性规律的描述。但模型应用过程中存在较大不确定性，因而基于区域尺度，选择综合集成方法进行气候变化影响的定量评估是一个可行的发展方向。统计方法在 IPCC 历次评估报告中得到重视，如 IPCC 第五次评估报告中处理不确定性的方法就有定性和定量两种：信度法和概率法。但统计方法对于区域性规律的把控和定量风险等级的区域适用性存在缺陷。风险指数与概率模型对于成灾机制的要求相对严格，但风险形成机制过于复杂且不明确，给此类方法带来障碍。同时指数方法较强的主观性也给该类方法的应用带来质疑。

综合上述三类方法的优缺点，基于气候风险三要素的定量评估模型，更为突出气候变化风险的定量化、客观性、空间化、集成性特征。首先，遵循风险三要素（危害性、暴露度和脆弱性）的定量评估，能够得到定量化的风险等级划分；其次，对于致险因子和承险体均考虑区域性环境特征，所计算的概率、所拟合的脆弱性曲线均是适用于所评估区域的，更具客观性和空间性；集成性考虑了趋势性风险和突发性风险两类风险评估模型，给公众、管理者和科学界带来了更为综合的理解。

基于气候变化风险组成的三要素，当前实现风险定量化的评估模型主要分为两类（高江波等，2017）：第一类是建立在传统自然灾害风险评估模型基础上，风险的定量化程度是气候变化与极端气候事件的危险性、承灾体脆弱性与暴露量相乘的结果（王雪臣，2008）。这类模型具有很好的研究基础，评价指标意义明确，对适应能力也有一定的考虑，但模型出发点侧重于气候的危险性，如果对气候变化影响机制，尤其是间接影响途径不明确，将导致该类模型的应用受到限制。通过构建大尺度融合敏感性和适应性的脆弱性曲线，此类气候变化灾害风险评估模型已被优化并应用于我国重大气象水文灾害（包括高温、洪涝、干旱等）风险综合定量评估中（吴绍洪等，2014）。

第二类模型从系统的脆弱性出发，基于系统可应对范围的临界阈值，风险表达式为：风险 = P（脆弱性）（Jones et al.，2004），即脆弱临界阈值被超越的概率。这类模型首先对系统的脆弱性进行标定，以数量大小或频率等指标进行表征，进而考察未来气候变化是否会对既定脆弱性产生威胁，将超过既定标准事件（阈值）或其发生的概率表征为风险。这一风险表达形式有利于实现在气候危险性难以度量、影响途径复杂、风险链不清晰的情况下的风险评估。例如，Wu 等（2010）基于未来生态系统生产功能预估，以脆弱性阈值标定了气候变化风险及等级。

此外，指标体系法常用于风险与脆弱性评估模型的建立（王宁等，2012），包括：①压力指标，如升温、降水减少和极端天气等；②状态指标，如生态系统质量、生物多样性、生态服务等；③响应指标，如系统的适应度、人类采取的适应气候变化风险的措施等。确定评价指标体系后，一般运用系统分析等统计学方法将所研究的问题分成若干个有序的层次进行评价（高江波等，2017）。

气候变化风险评估模型：

$$R = \sum_{i=1}^{n} x_i w_i$$

式中，R 为风险评估等级；x_i 为各评估指标评分值；w_i 为各指标权重系数。

1）指标选取：识别气候变化风险的主要原因，作为气候变化风险评估的指标，用层次分析法对指标进行分解，构建气候风险评估指标体系。

2）权重计算：不同的指标对风险的贡献不同，可用主客观赋权相结合的方法确定指标权重系数。

3）风险预估：未来风险的预估往往需要应用领域机理模型，将气候模式与领域机理模型进行耦合，对作为气候风险要素的评估指标进行预估。所涉及的领域机理模型包括区域生物地球化学模型（CENTURY、SIB2）、动态植被模型（IBIS、LPJ）、农业作物模型（DSSAT、CERES）、分布式水文水资源模型（VIC、SWAT）等（表3-6）。各类模式在过程细化、模块扩展、领域交叉等方面不断改进完善。例如，传统的平衡生态模型在预测陆地生态系统未来变化方面表现出局限性，动态植被模型的出现为解决这一问题提供了有效途径，它们可模拟植被的生理过程、演替过程、植被物候和营养物质循环等过程，综合考虑全球变化和人为干扰对陆地生态系统产生的不同影响及其时滞效应，有助于更合理地模拟气候变化下陆地生态系统演变过程（Cramer et al., 2001；Sitch et al., 2008），该类模型已被用于我国生态系统脆弱性的评估（Zhao and Wu, 2014）。

表 3-6 用于评估气候变化影响的机制模式（高江波等，2017）

模型分类	模型名称	模型主要方案机理
生物地球化学模型	CASA	以生产力模型和经验光能利用率计算 NPP
	SIB2	土壤植被大气与环境模型耦合
	CENTURY	土壤碳、氮机理模型与地下植被过程耦合
动态植被模型	TRIFFID	强调植物生理过程，包括碳、氮相互作用
	IBIS	大气–生物模型耦合，模拟大气环流的能流和水循环
	LPJ	以气候、土壤质地和 CO_2 数据作为输入，模拟植被与环境的碳水交换过程
水文水资源模型	VIC	通过土壤、植被、水文和背景参数模拟网格内土壤蓄水能力的变化
	SWAT	主要用于模拟蒸散发、地表径流、土壤水、地下水过程
农业作物模型	DSSAT	集成多个作物生长模型，模拟作物发育过程、光合作用等基本生理生态过程
	CERES	针对不同作物，模拟其生理与生产过程，以及土壤与植物的养分平衡、水分平衡等过程

4）风险区划：根据风险预估的结果进行气候风险等级划分，并将气候变化风险的时空格局进行系统化表达，形成气候变化风险区划。

3.2.4.2 基于不同危害性的风险评估

气候变化危害性主要包括两个方面：一是平均气候状况（气温、降水趋势等），属于渐变事件；二是极端天气/气候事件（热带气旋、风暴潮、极端降水、河流洪水、热浪与寒潮、干旱等），属于突发事件。从这两个角度系统阐释气候变化风险定量评估方法：对于突发事件，一旦发生即在短时间显现出危害和后果，气候变化因素相当于自然灾害中的致灾因子；对于渐变过程，当超过某个阈值，随即发生突变，产生不利影响，并出现风险。气候变化因素既是致灾因子，同时又是系统生长的动力（吴绍洪等，2018）。

（1）突发事件风险定量评估方法

借鉴自然灾害风险评估方法，通过对致灾因子危险性与承灾体脆弱性分等定级，借助评估矩阵等方法对区域风险进行评估（史培军，2005）。但是随着自然灾害风险评估向评估结果定量化、管理空间化和区域综合化发展，原有的自然灾害风险等级评估由于不能定量表现各等级之间的具体差别，因而难以满足灾害风险管理的要求。利用灾害发生的可能性（P）、承灾体损毁标准（D）、承灾体的暴露度（E）三个成分构建了突发性极端天气气候事件的定量评估模型。其中灾害发生的可能性（P）对应气候风险的危害性，强调极端气候事件发生的概率；承灾体损毁标准（D）对应于脆弱性。基于对灾害风险上述三要素的剖析，可根据承险体响应特征差异，将不同灾种风险评估分为面向类型的灾害风险评估和适用区域的灾害风险评估。前者是指某一等级强度的灾种发生后，对承险体的影响程度与幅度是可控的，即对应特定灾害等级的损失标准是相对确定的；后者主要是考虑到自然地理与人文环境的区域差异性，即使是同等强度的灾害发生后，不同地区的损失程度明显不同。

以高温热浪风险评估为例，该系统中气候的危险性主要指高温热浪发生的概率。将高温热浪指数（HI）达到一定范围的时间持续 10 天及以上的天气过程定义为一次热浪事件。平均一年内发生热浪事件的次数为 1 次及以上时，则称为发生热浪事件的概率为 100%，即通过平均每年内发生热浪事件的次数来计算热浪发生概率，以轻度热浪、中度热浪和重度热浪的发生概率来反映热浪危险性的高低：

$$H_{H,i} = \begin{cases} 1 & f_{H,i} \geq T \\ \dfrac{f_{H,i}}{T} & f_{H,i} < T \end{cases}$$

式中，$H_{H,i}$ 为高温热浪事件的发生概率；$f_{H,i}$ 为高温热浪事件发生频次；i 为高温热浪等级；T 为研究时段的年数。

高温热浪灾害主要对人口造成一定的影响，气候变化影响下的人口暴露度数据可以参考共享社会经济路径（SSPs）。其脆弱性分析基于如下考虑：当高温热浪灾害发生时，几乎所有人群都将暴露于高温热浪环境中，因此，受灾人口率设为 100%，为体现不同等级高温热浪事件影响的程度差异，经过专家咨询和宏观判断，分别赋予轻度热浪、中度热浪和重度热浪事件一定的比例系数。

（2）渐变事件风险定量评估方法

渐变性事件是指某些风险发生于驱动力对承险体作用的长时间积累，当积累超过某个阈值，发生突变，产生不利影响。这一类风险往往出现于生态系统过程，其特征是，气候变化因素既是致灾因子，同时又是生态系统的动力。此类风险的预估，首先是应用生态机理模型对生态系统进行模拟，结合生态受损阈值，结合碳源汇发展趋势，估算生态系统风险的程度（图3-7）。将生态系统的脆弱性（功能和结构破坏的程度）作为非期望事件发生的后果程度。按照风险管理的定义，气候变化即为致灾危险性因子，生态系统为承灾体，而气候情景即是气候发生变化的可能性，三者构成了气候变化的风险。由此，生态系统风险评估仍可沿用灾害风险评估的主要因素，如致灾因子危险性、承灾体脆弱性、暴露量等。但是，由于气候因子既是生态系统生产的动力，同时又是其致灾因子，以及考虑到生态系统的恢复力，因而引入阈值的概念来评估其风险。

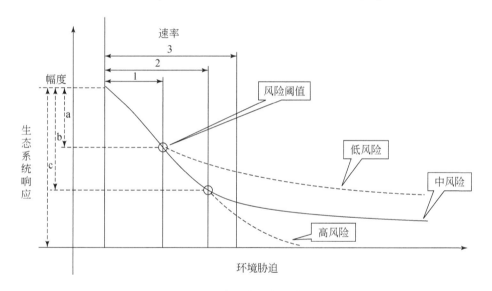

图 3-7　生态系统响应环境胁迫

一方面，当生态系统受到环境的胁迫时，结构、功能、生境可能发生变化，其响应与胁迫的幅度和速率有关，与生态系统生物因子本身的稳定性也有关，生态系统所承受的压力与胁迫的速率与幅度呈正相关关系。另一方面，生态系统自身具有抗干扰的恢复能力，对外来胁迫进行调节，经过调节，系统可能适应或恢复。但如果环境胁迫的速率或幅度超过生态系统的调节能力，则系统将变得脆弱，生态系统也将处于风险状态，气候变化继续加剧则甚至导致系统发生逆向演替（吴绍洪等，2011）。

以生态系统净初级生产力（NPP）为例：假设不能接受的气候变化对生态系

统生产功能的影响是某种程度的 NPP 损失，即气候变化造成 NPP 的损失如果超过了此类生态系统 NPP 的自然波动范围，就认为其发生风险（Van Minnen et al.，2002）。根据世界气象组织对"异常"的定义（即超过平均值的±2 倍标准差）（Jones and Hennessy，1999；Hulme and Dessai，2008），选取两套数据对中国生态系统 NPP 的正常波动范围进行计算以便互相验证（一套是根据中国自然环境特点重新参数化的 Lund-Potsdam-Jena 模型模拟结果；另一套是大气—植被相互作用模型 AVIM2 模拟结果）（赵东升等，2011；黄玫等，2006）。它们的异常值计算结果分别为 9.9% 和 8.5%，与 Van Minnen 等（2002）计算的欧洲 NPP 的自然波动范围（10%）非常接近。因此，选择相对于平均值 10% 的损失作为"不能接受的影响"的参考。以生态系统生产功能"不能接受的影响"为参考，确定各生态系统的风险标准，可将各生态系统分为无风险、低风险、中风险和高风险（石晓丽等，2017）。

3.2.4.3 以脆弱性为要素的风险评估

脆弱性是连接危险性和暴露度的中间桥梁，是气候变化风险形成的关键环节，在相同暴露度的情况下，脆弱性是不利影响的程度和类型的主要决定因素（Bouwer，2013）。评估承灾体脆弱性有利于科学家和决策者理解气候变化对环境变化的影响，了解脆弱性的成因、分布和内在机制，通过减小敏感性增强适应性等途径寻找降低脆弱性增强适应能力的方法，可以为制定有效的气候变化适应对策提供科学依据。当前，许多研究致力于通过不同的量化方法评估自然生态系统在气候变化影响下的脆弱性，方法主要包括建立脆弱性指数评估指标体系、解析响应过程、拟合脆弱性曲线等（Füssel and Klein，2006；Foden et al.，2019）。

基于响应过程的脆弱性定量评估是自然生态系统对气候变化响应过程研究所面临的重点和难点。Gao 等（2019）通过对生态系统功能响应干旱的非线性特征分析，构建干旱影响全球生态系统的脆弱性曲线，量化了生态系统生产力响应干旱的脆弱性过程，发现随着干旱强度增加，全球森林和草地地上 NPP 均呈非线性减少，森林地上 NPP 减少速率逐渐上升，而草地呈下降趋势。系统脆弱性是气候变化和人类活动的共同作用，大部分脆弱性研究体现的是不同评估领域动态变化与空间异质的外在驱动的影响，在脆弱性评估中能否分离出气候变化的影响程度，成为制约适应行动有效开展的瓶颈。当前气候变化脆弱性评估还是以定性的指标评价为主，定量化考虑灾害损失或者机理过程的脆弱性测度方法体系还不成熟，脆弱性时空变化及机制解析还比较欠缺，这影响了脆弱性治理分析和应用。开展不同领域、不同时空尺度的气候变化脆弱性评估，对降低脆弱性以及提高适应气候变化的能力至关重要。

在极端事件风险管理过程中，脆弱性是极其重要的一个环节。极端事件脆弱性评估的一个重要目的是明确极端事件脆弱性的内涵与时空分布，为风险管理提供依据（Nasiri et al.，2016）。在全球尺度上，极端事件脆弱性评估方法可分为四类：曲线法、灾害数据法、计算机建模法和指标法。其中，基于灾害强度和历史灾情数据构建极端事件承灾体脆弱性曲线是定量化、高精度评估区域极端事件承险体脆弱性的有效方法。Formetta 和 Feyen（2019）量化了全球气候相关灾害的社会经济脆弱性，发现人口和经济脆弱性都有明显下降的趋势，脆弱性和经济发展水平之间存在明显的负相关关系。Li 等（2012）基于洪涝灾情统计资料构建起了我国 5 大分区受灾人口、紧急转移人口、死亡人口、农作物受灾面积、农作物绝收面积、房屋倒塌以及直接经济损失等 7 个要素的洪涝灾害强度等级损失关系曲线和损失标准。未来，洪涝灾害脆弱性高的区域将不断扩大，脆弱性低的区域将逐渐缩小（王艳君等，2014）。

3.2.4.4　以暴露度为要素的风险评估

IPCC《管理极端事件和灾害风险推进气候变化适应特别报告》指出，气候变化趋势性和极端事件造成的风险在很大程度上取决于脆弱性和暴露度水平，暴露度的增加是导致社会经济风险增加的主要原因（IPCC，2012）。准确评估不同灾害风险的人口和经济暴露度时空变化是气候变化风险评估的基础及适应气候变化政策与措施制定的重要参考。暴露度评估需要综合考虑人口现状、不同气候政策和社会经济发展模式，评估不同社会经济发展情景下的人口和经济特征。

构建符合我国国情的高分辨率社会经济基础数据集，是开展暴露度评估和气候变化风险评估的基础。Chen 等（2020）使用多维递归模型估算了 5 种 SSPs 情景下未来中国分省人口及公里级网格数据，结果发现，我国人口将在 2027 年 ~ 2034 年间达到峰值，峰值人口数为 14.4 亿 ~ 14.8 亿，本世纪末我国人口总量在不同情景下差别巨大，有可能维持 13.5 亿的水平，也有可能低至 8.1 亿。Jiang 等（2022）采用人口 – 发展 – 环境（PDE）模型和柯布 – 道格拉斯（Cobb-Douglas）模型构建了 2020 ~ 2100 年全球、"一带一路"地区和中国城市和农村的人口和 GDP 格点预估数据，发现采用不同的社会经济发展政策，未来中国 GDP 总量会呈现明显差异，区域竞争、不均衡发展会带来更差的经济状况。

当前，随着第六次国际耦合模式比较计划（CMIP6）的发布以及气候情景和社会经济情景的不断发展，全球和中国的社会经济预估数据集时空分辨率大幅提高。Olén 和 Lehsten（2022）发布了 2010～2100 年逐年空间分辨率为 1km 的全球人口预估数据集，包括 6 种共享社会经济路径和典型浓度路径的组合，数据集可以在精细的空间尺度上为全球变化研究提供时空上的明确预测。Wang 和 Sun（2022）基于夜间灯光指数耦合人口的降尺度方法，制作了 5 种共享社会经济路径情景下 2005 年和 2030～2100 年以 10 年为间隔的千米网格全球 GDP 预估数据集，这一网格化的 GDP 预估数据集可以扩大 GDP 数据的适用范围，满足社会经济和气候变化研究的需要。

受全球气候变化影响，灾害事件影响范围越来越广，社会经济暴露范围不断扩大，对人类生活、社会经济发展和生态环境均造成严重威胁。具体到我国不同单灾种的社会经济暴露度，RCP4.5 情景下未来高温的暴露范围扩大到除青藏高原及周边地区以外的全国大部分地区（张蕾等，2016）。未来洪涝事件影响范围也基本覆盖全国大部分地区，灾害暴露范围最大的省份分布在东部地区（王艳君等，2014）。干旱暴露范围主要分布在中国东部和西北部，南方地区暴露范围呈扩大趋势（姚玉璧等，2016）。

3.3 气候变化风险评估案例

3.3.1 气候变化情景下黄河流域水资源风险评估研究

3.3.1.1 研究背景和意义

全球气候变暖、社会经济发展、城市化进程加快和人口快速增长导致了人类对水资源的需求逐年增加，迫使水资源供需系统不确定性加剧甚至失衡（姜秋香等，2017）。黄河流域气候干旱，水资源短缺，水资源量仅占全国水资源总量的 2%，却供给了全国 13% 的耕地和粮食以及近 25% 的煤炭资源，未来黄河水资源量的多少将严重影响整个流域乃至全国的社会经济和生态环境协调发展（王建华等，2017；王国庆等，2020）。水资源稀缺成为我国农业和社会经济发展的制约因素，未来气候变化将对流域水资源管理产生重大影响。而水资源短缺风险管理以水资源风险评估作为基础并将其广泛应用（罗军刚等，2008）。

目前，国内外专家学者对水资源风险评估进行了大量研究并取得了丰硕的成果。1971 年，Yen 等首次将风险分析应用于水资源系统中，构建了评价水文风险和水流风险的耦合模型（Yen et al., 1971）。Hashimoto 等（1982）提出了评价水资源短缺风险可靠性、可恢复性和脆弱性的定量化指标，为水资源风险评估奠定了基础。张士锋等（2011）则利用恢复性、稳定性与脆弱性指标评估了海河流域的水资源短缺风险。王浩等（2013）指出水资源短缺、水旱灾害、水污染加剧、水土流失以及水生态破坏等是中国水资源问题的基本特征，并将世界自然基金会（WWF）和德国投资与开发有限公司（DEG）提出的水风险评估理论本土化，识别了中国水风险，并就中国水风险评估值偏低做出科学的解释。

随着水资源短缺问题日益严重，水资源风险评估也得到越来越多的关注。改进的层次分析法、灰色关联分析法、模糊综合评价法以及加权综合法等线性评估方法常被用于水资源风险评估（Wu et al., 2014；阮本清等，2005；刘思峰等，2013；高媛媛等，2012），随后动态风险评估理论、系统分析思想、D-S 证据理论（方会超和杭爱，2019；韩宇平等，2003；Zhang et al., 2013）等非线性评估方法逐渐被广泛应用于风险评估中。Ghosh 和 Mujumdar（2006）通过风险评估模型优化明确了河流水质管理风险的最小值。阮本清等（2000）利用蒙特卡洛随机模拟法随机模拟了黄河下游不同用水规模下的供水风险。Hsieh 等（2016）采用随机时空模拟流的方法评估水资源短缺，并提出对应的缓解措施。Ait- Aoudia 和 Berezowska- Azzag（2016）运用因子分析法评估了阿尔及利亚地区的水资源短缺风险。Kummu 等（2010）从时间维度评价全球过去两千年的水资源短缺情况。

研究表明，水资源风险以水量、水质以及水生态等功能受损为主要风险表征，以水量短缺、水质恶化以及水生态破坏等为具体指标（王建华等，2017）。其中，水资源稀缺评估是水量风险评估研究的核心与关键。水资源稀缺风险评价重点从归因分析、地域差异、水资源管理和调控机制等（Kalantari et al., 2009；Zhang and Lei, 2006）方面展开。而有关未来气候变化对水资源的稀缺影响有待全面展开。因此，本研究重点从未来气候变化角度开展有关黄河流域水资源稀缺风险的评估研究。

3.3.1.2 风险评估方法

数据来自世界气候研究计划（WCRP）中全球耦合模式工作组（WGCM）所发布的 CMIP5（http://cmip- pcmdi. llnl. gov/cmip5/）中的 3 种温室气体排放情景（RCP2.6、RCP4.5 和 RCP8.5）；其中，RCP8.5 代表温室气体排放增加，辐射强度将于 2100 年达到或者超过 8.5W/m^2，全球升温幅度可能达到 4.6 ~ 10.3℃，属于温室气体高排放情景；对应 RCP4.5 和 RCP2.6 则为中低排放情景。数据时间序列为 1901 ~ 2100 年，空间分辨率为 0.5°×0.5°。

（1）构建评价指标体系

根据世界自然基金会和《中国水风险评估报告》的指标体系构建方法，同时结合已有数据的特点，以缺水率、严重干旱影响范围、大洪水发生频次和气候变化的影响 4 个脆弱性指标构建未来气候变化下水资源短缺风险评估指标体系。本案例中不涉及与暴露度和危害性相对应的人口、经济、水利工程等长序列数据，因此，在评估未来气候变化对水资源稀缺风险的影响时主要考虑水资源的脆弱性/易损性，即物理风险进行定量评估。4 个指标的具体含义及其评分标准详见表3-7。

表 3-7 未来黄河流域水资源稀缺风险评估指标体系

指标	指标调整说明	指标含义	评分标准
缺水率	采用国内已有的多年平均缺水率统计指标	采用多年平均缺水率指标反映自然缺水的情况，为蒸散量和降水量的差值	①≤2%，为1分； ②2%~5%，为2分； ③5%~10%，为3分； ④10%~15%.6，为4分； ⑤>15%，为5分
气候变化的影响	本次评估均采用未来 36 年（2015~2050 年）气温的变化作为评估指标	通过计算年温度变化量，获取气候变化影响程度	①≤0.4，为1分； ②0.4~0.8，为2分； ③0.8~1.2，为3分； ④1.2~1.6，为4分； ⑤>1.6，为5分
严重干旱影响范围	采用 Water Risk Filter 中的指标，评估 2015~2050 年发生干旱的分布范围	主要研究气象干旱，以降水距平划分干旱等级	①过去三年无重旱，为1分； ②过去三年发生重旱以上影响范围≤10%，为2分； ③10%~25%，为3分； ④25%~50%，为4分； ⑤大于50%，为5分
大洪水发生频次	采用 Water Risk Filter 中的指标，评估 2015~2050 年发生流域性大洪水的频次	以最大三日降水量为指标，间接表征洪水等级	①没有发生洪水，为1分； ②频次为1~2次，为2分； ③频次为3~5次，为3分； ④频次为6~10次，为4分； ⑤频次大于10次，为5分

（2）定量评估方法及其权重确定

根据熵权法和层次分析法（AHP），确定风险评估指标权重。

A 熵权法

针对 n 个评价对象，m 个评价指标，构建原始数据矩阵 $\boldsymbol{X}=\left(x_{ij}\right)_{m\times n}$；然后对矩阵进行无量纲化处理得到 V_{ij}；计算第 i 个评价对象在第 j 个评价指标下的特征比重 P_{ij}；计算第 j 项指标的熵值 e_j；最后确定每项指标的熵权 W_j。具体计算公式如下：

$$\boldsymbol{X}=\left\{\begin{matrix} X_{11} & X_{12} & \cdots & X_{1n} \\ X_{21} & X_{22} & \cdots & X_{2n} \\ \vdots & \vdots & \vdots & \vdots \\ X_{m1} & X_{m2} & \cdots & X_{mn} \end{matrix}\right\}_{m\times n}$$

$$V_{ij}=\frac{X_{ij}-\left(X_{ij}\right)_{\min}}{\left(X_{ij}\right)_{\max}-\left(X_{ij}\right)_{\min}} \text{ 或者 } V_{ij}=\frac{\left(X_{ij}\right)_{\max}-X_{ij}}{\left(X_{ij}\right)_{\max}-\left(X_{ij}\right)_{\min}}$$

$$P_{ij}=V_{ij}/\sum_{i=1}^{m}V_{ij},0\leqslant P_{ij}\leqslant 1$$

$$e_j=-1/\ln m\sum_{i=1}^{m}P_{ij}\cdot\ln P_{ij}$$

$$W_j=\left(1-e_j\right)/\sum_{j=1}^{n}\left(1-e_j\right)$$

B 层次分析法

层次分析法是由美国运筹学家 Saaty T. L. 于 20 世纪 70 年代提出的，是一种解决多目标复杂问题的定性与定量相结合的、系统化的、层次化的决策分析方法。其基本思想是在建立有序层次结构的基础上，通过两两比较确定各层元素对上层元素的权重，最后综合计算最底层元素对总目标的权重。

具体步骤如下：

建立层次结构图。将决策过程分为 3 个层次——目标层、准则层和方案层，每层有若干个元素，上层元素支配下层元素。

构造判断矩阵。构造判断矩阵是为了确定各层元素相对上层元素的权重，矩阵表示同一层次上各元素对上层某元素相对重要性的判断值，由若干专家或有经验的实地工作人员给出。

从高层到底层计算各层元素的权系数及同一层次的组合权系数。

一致性检验。构造判断矩阵时，为了避免出现判断的不一致性，还需对判断矩阵进行一致性检验。

C 综合法确定权重

利用熵权法计算评价指标的客观权重 w_i^*（$i=1，2，3，\cdots，n$）；采用层次分析法算出各评价指标的主观权重 w'_i；计算评价指标的综合权重 w_i。具体计算公式如下：

$$w_i^* = (1 - H_i) / \left[n - \sum_{i=1}^{n} H_i \right] , \quad \sum_{i=1}^{n} w_i^* = 1$$

$$w_i = (w_i^* w'_i) / \left[\sum_{i=1}^{n} w_i^* w'_i \right]$$

（3）水资源风险分值及分级

根据影响程度，对单一指标赋予一定的权重，采用通用的综合指数加权求和方法计算综合评分值，反映水资源风险的大小。计算公式如下：

$$R = \sum_{i=1}^{n} f_i \cdot w_i$$

式中，R 表示水资源风险评估等级；f_i 表示各评估指标的评分值；w_i 为各指标相对水资源风险的权重系数。计算结果越小，水资源风险程度越小，反之越大（表3-8）。

依据世界自然基金会建立的国家层面指标体系，针对每个指标综合考虑各种因素确定分级临界值，将水资源风险等级划分采用五级5分制（表3-8）。

表3-8　水资源风险等级划分

级别	风险类别	评分值	风险描述
Ⅰ	无风险或者可接受风险	(0，1]	风险产生概率极微或破坏性极弱
Ⅱ	低风险或者约束性风险	(1，2]	要约束用水行为来防范风险
Ⅲ	中风险	(2，3]	风险发生或潜在存在造成一定损害
Ⅳ	高风险	(3，4]	风险极易发生并造成极大破坏
Ⅴ	极高风险	(4，5]	风险发生频繁且造成不易恢复性破坏

3.3.1.3　结果与讨论

（1）黄河流域缺水率风险时空变化

不同排放情景下2030年和2050年黄河流域的缺水率风险空间分布如图3-8所示。RCP2.6、RCP4.5和RCP8.5情景下，2030年和2050年的缺水率高风险地区主要集中在中上游，且随着温室气体排放浓度的增加，黄河流域平均缺水率呈上升的变化趋势。在时间上，2050年的缺水率风险明显高于2030年，且高风险区域的面积要远远大于2030年，缺水地区由黄河流域甘肃南部和陕西南部区域扩张到黄河流域中游南部区域，缺水地区的总面积增加了11.12%，且流域青铜峡区域的缺水率风险值有所下降。

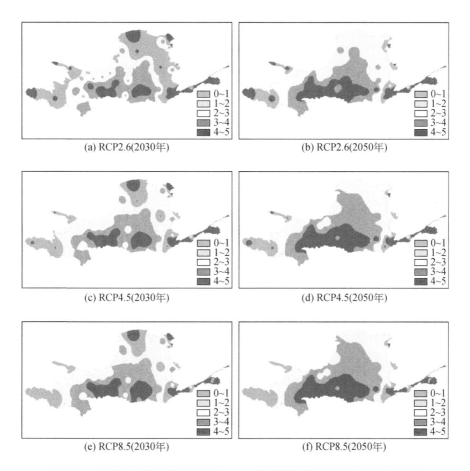

图 3-8　未来气候变化下 2030 年和 2050 年黄河流域缺水率风险空间分布

表 3-9 是不同排放情景下 2030 年和 2050 年黄河流域不同等级缺水率风险比重。RCP4.5 情景下，2030 年，有 50.90% 的区域缺水率风险达到了Ⅲ级和Ⅳ级。高风险缺水区域占比大，缺水现象的极端化比较严重。随着温室气体排放浓度的增加，高风险区域的范围有所增加。到 2050 年，黄河流域有近 25% 的区域缺水率呈高风险水平，且随着温室气体排放浓度的增加，高风险范围的区域有所增加。

（2）未来气候变化情景下黄河流域水资源风险综合评估

采用熵权法计算评价指标的客观权重，然后采用层次分析法计算指标的主观权重，最后将客观权重和主观权重进行综合作为本研究中使用的权重。最终缺水率、严重干旱影响范围、大洪水发生频次、气候变化的影响 4 个要素权重分别为

0.31、0.28、0.22、0.19。在各要素风险评估基础上，得到水资源气候综合风险。

表 3-9　不同排放情景下 2030 年和 2050 年黄河流域不同等级缺水率风险比重

（单位：%）

年份	情景	Ⅰ级	Ⅱ级	Ⅲ级	Ⅳ级	Ⅴ级
	RCP2.6	15.76	28.97	23.24	20.58	11.45
2030	RCP4.5	13.39	23.67	26.78	23.12	13.04
	RCP8.5	10.34	22.58	27.15	25.14	14.79
	RCP2.6	12.17	18.21	28.54	20.04	21.04
2050	RCP4.5	8.87	10.86	24.98	29.88	25.41
	RCP8.5	5.66	12.12	23.98	32.01	26.20

黄河流域水资源风险总体处于高中水平，水资源高风险区主要集中在黄河流域上中游地区。中风险及以上（Ⅲ~Ⅴ级）水资源风险区面积有较明显的扩大；极高（Ⅴ级）风险区占流域面积将达到 5%~10%。水资源低风险区主要集中在黄河河源区，且有明显增加趋势。黄河流域水资源风险整体呈现增加的趋势，其中清水河与苦水河、泾河张家山以上、渭河宝鸡峡以上水资源风险由原来低风险区变为中高风险区。

表 3-10 为不同情景下 2030 年和 2050 年黄河流域气候变化综合风险比重。气候变化综合风险主要集中在Ⅱ级和Ⅲ级两个等级，超过 70% 的区域处于Ⅱ级和Ⅲ级的风险水平。RCP2.6 情景下，2030 年，气候变化极高风险区域范围比重为 2.98%，低风险区域范围比重为 16.01%；极高风险和低风险区域范围分别低于/高于 2050 年的高风险（6.56%）和低风险（10.06%）范围比重。

表 3-10　不同排放情景下 2030 年和 2050 年黄河流域气候变化综合风险比重

（单位：%）

年份	情景	Ⅰ级	Ⅱ级	Ⅲ级	Ⅳ级	Ⅴ级
	RCP2.6	16.01	35.89	38.83	6.88	2.98
2030	RCP4.5	15.88	41.68	36.31	4.01	2.12
	RCP8.5	14.31	32.12	43.64	6.91	3.02
	RCP2.6	10.06	26.31	44.75	12.32	6.56
2050	RCP4.5	10.56	31.88	40.48	11.25	5.83
	RCP8.5	9.31	24.24	45.96	13.21	7.29

RCP8.5 情景下，极高风险区域范围 2050 年为 7.29%，2030 年为 3.02%；RCP4.5 情景下，极高风险区域范围 2050 年为 5.83%，2030 年为 2.12%；RCP2.6 情景下，高风险区域范围 2050 年为 6.56%，2030 年为 2.98%。由此可见，随着温室气体排放浓度的增加，极高风险区域有所增加。由此推测，未来气候变化较剧烈的区域可能会有所增加，气候变化的极值化加重。

由图 3-9 可知，随着温室气体排放浓度的增加，黄河流域气候变化综合高风险区有所变化：2030～2050 年，高风险区由甘肃兰州北部和陕西南部的渭南地区分别沿西南和西北方向向渭河以北宝鸡、天水和定西地区转移，但是局部地区（例如宁夏中西部清水河沿线、河南西部伊河沿线）的风险值有所降低。RCP8.5 情景下，2030 年气候变化综合风险高的区域主要集中在甘肃北部的兰州、白银和陕西南部的咸阳、渭南地区，而 2050 年气候变化综合风险高的区域则主要集中在甘肃中北部和陕西南部地区；RCP4.5 情景下，2030 年气候变化综合风险高的区域主要集中在甘肃北部白银和陕西南部渭南地区，而 2050 年气候变化综合风险高的区域则主要集中在甘肃中北部和陕西南部渭南、咸阳、铜川地区；RCP2.6 情景下，2030 年气候变化综合风险高的区域主要集中在兰州北部和渭南南部地区，而 2050 年气候变化综合风险高的区域则主要集中在甘肃北部兰州、白银和陕西南部西安、渭南地区。整体上，黄河流域受气候变化的影响，其综合风险处于较高水平。

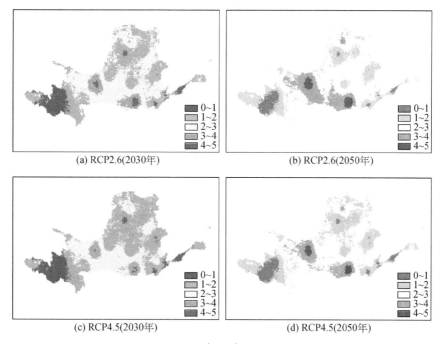

(a) RCP2.6(2030年)

(b) RCP2.6(2050年)

(c) RCP4.5(2030年)

(d) RCP4.5(2050年)

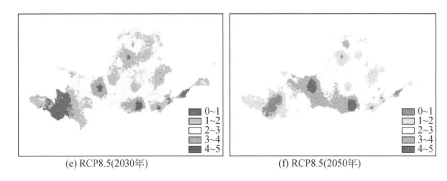

(e) RCP8.5(2030年)   (f) RCP8.5(2050年)

图3-9　不同情景下2030年和2050年黄河流域未来气候变化综合风险空间分布

(3) 气候变化情景下黄河流域水资源风险评估案例结论

基于CMIP5模式中的3种温室气体排放情景，评估2030年和2050年黄河流域水资源稀缺风险综合风险。结果表明，水资源高风险地区主要集中在黄河流域中上游的甘肃北部和陕西南部区域。2050年RCP8.5情景下，流域高风险占比面积最大，占比为7.29%；2030年RCP4.5情景下，流域高风险占比面积最小，占比为2.12%。一定程度上，温室气体排放浓度增加将会导致黄河流域水资源稀缺风险的增加。渭河北部和甘肃中北部区域在未来可能面临高气候变化风险。伴随东亚夏季风环流增强和大气层结构不稳定性增加，黄河流域的极端降水事件将会明显增加，气候变化风险两极分化趋势也将凸显出来。

3.3.2 青藏高原草地生态系统气候变化风险评估研究

3.3.2.1 研究背景与意义

在全球气候变化的背景之下，青藏高原草地生态系统的功能和结构产生了巨大的变化，青藏高原草地生态系统缺乏一定的适应能力，促使其面临的风险迅速提升。青藏高原又被称作"世界屋脊"，拥有着世界上最大的高寒草地生态系统，约占中国草地总面积的41.88%，约占世界草地总面积的6%（张利等，2016），其中孕育有我国重要的草地畜牧业生产基地，同时是我国重要的生态安全屏障区（张镱锂等，2002）。青藏高原对全球气候变化十分敏感，根据IPCC的预测结果，在全球变暖的背景之下，到2100年，全球气温将上升1.8~4.0℃，而青藏高原的升温速率高于同纬度其他地区（陈发虎等，2021）。由此将阻碍青藏高原草地生态系统服务功能的持续发挥，并将对青藏高原及其周边地区产生不同程度的影响,使其暴露在一定的风险之下(张镱锂等,2002)。

气候变化对草地生态系统的风险是目前国际学术界极为关注的课题。许多学者从不同角度对气候变化下草地生态系统风险进行探讨研究,如洪水、干旱、雪灾、生物多样性、草地火灾等。任继周等(2011)基于全球两种暖干化模式对比分析了全球和我国草地的碳源汇风险,指出在 A2 和 B2 模式下全球草地年碳汇将可能分别提升 17.3% 和 16.8%,且是以冻原和高山草地大类的年碳汇减少,温带湿润草地、斯泰普、萨王纳和半荒漠草地大类年碳汇增加为特征;与全球增长模式不同,中国则是以斯泰普、萨王纳和半荒漠草地大类年碳汇潜力大幅增加,青藏高原地区冻原和高山草地碳汇风险大幅减少为特征,在两个模式下年碳汇将分别提升 14.6% 和 18.5%(Lu et al.,2013)。总体来说,国内外关于草地生态系统气候变化风险的研究还较少,且已有的一些研究成果多以定性研究为主,定量的评估仍较少(余欣等,2022)。如何识别并评估气候变化背景下生态系统所面临的风险,仍是亟待解决的问题(《气候变化国家评估报告》编写委员会,2007)。因此,本案例研究以我国重要的生态安全屏障区青藏高原草地生态系统为研究对象,对未来气候变化下草地生态系统风险开展评估。

3.3.2.2 风险评估方法

数据来自世界气候研究计划(WCRP)中全球耦合模式工作组(WGCM)所发布的 CMIP5 中的 3 种温室气体排放情景(RCP8.5、RCP4.5 和 RCP2.6),模式输出通过空间降尺度技术转换为 0.1° 空间分辨率。

(1)模型构建

本研究将草地生态系统的气候风险以脆弱性、暴露度及危害性为主要风险表征,以地上 NPP、土壤碳、草地生态系统暴露于气候变化下的程度以及不同气候情景下损失发生的可能性等为具体指标(刘世荣等,1996;郑元润等,1997;傅伯杰等,2005)。气候风险评估模型用公式表示如下:

$$R = f(H, V, E)$$

式中,R 即为气候风险,表示由于气候变化影响超过某一阈值所引起的草地生态系统功能的损失;H 表示候情景下气候变化的危害性;V 表示草地生态系统响应气候变化的脆弱性;E 表示草地生态系统暴露于气候变化下的程度。

(2)指标提取

依据气候风险评估模型的构建,将脆弱性、暴露度及危害性分别作为一级指标。对系统的脆弱性、暴露度及危害性的影响因素进行分析(图 3-10),以草地面积和 3 种温室气体排放场景分别表征暴露度和危害性,划分为二级指标。草地生态系统的生产功能为其他功能的发挥提供了必要的物质和能量基础，是草地生态系统功能的核心。因此，本研究以地上 NPP 作为表征脆弱性的二级指标之一。此外，由于草地生态系统是一个重要的碳库，对于区域的碳源–碳库平衡以及气候变化具有重要的调节作用，所以同时选择土壤有机碳作为表征脆弱性的另外一个二级指标（表 3-11）。

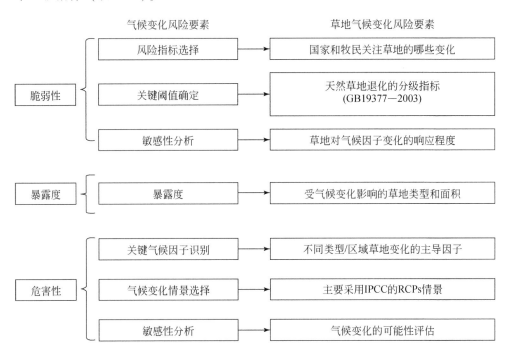

图 3-10　气候变化对草地生态系统风险要素分析

表 3-11　气候变化对草地生态系统风险评估指标

一级指标	二级指标	指标表征
脆弱性	地上 NPP	距多年平均值的减少率
	土壤有机碳	
暴露度	草地面积	受气候变化影响的草地面积
危害性	气候情景	RCP8.5、RCP4.5 和 RCP2.6 3 种不同的温室气体排放情景

（3）定量评估

A. 气候情景

采用 ISI-MIP 提供的 3 个典型浓度路径（RCP2.6、RCP4.5、RCP8.5）排放情景下的预估数据。CO_2 浓度数据包括美国 NOAA/ESRL 发布的全球大气 CO_2 浓度监测数据，以及 CMIP5 试验所使用的不同 RCPs 情景强迫场的大气 CO_2 浓度资料。研究模拟的时间为 1961～2050 年，本研究将 1961～2010 年定为基准年，2010～2020 为近期，2021～2030 为中期，2031～2050 为远期。

B. 模拟模型

本研究利用 CENTURY 模型，对不同气候情景下青藏高原草原地上 NPP 和土壤有机碳进行模拟，判定选择指标对气候驱动力的响应。CENTURY 模型是用于模拟植被–土壤生态系统 C 以及营养元素 N、P、S 长期动态变化的生物地球化学模型，目前是全世界应用最为广泛的生物地球化学模型。该方法能够充分考虑温度、降水、土壤养分和水分等环境因素，以及土地利用方式和经营管理活动（耕作、灌溉、施肥、放牧、收割、砍伐等）对生态系统生产力和营养元素生物地球化学循环的影响（吕新苗和郑度，2006）。

C. 风险阈值确定

本研究以地上 NPP 多年平均值（ANPP）小于基准值 10% 为青藏高原草地不可接受影响的最低标准，视为无风险，依据来自于实测数据：对高寒草原地上 NPP 低于平均值的 13 年取平均值，约比多年平均低 12.8%；同时，文献调研结果显示 Lund-Potsdam-Jena 模型模拟结果为 9.9%；大气–植被相互作用模型 AVIM2 模拟结果为 8.5%。ANPP 小于基准值 20% 为青藏高原草地低风险阈值，ANPP 小于基准值 40% 为中风险阈值，ANPP 大于基准值 40% 为高风险阈值（表 3-12）。

表 3-12　青藏高原草地生产功能风险阈值

风险水平	阈值	判别依据
无风险	ANPP<10%	生产力正常年际波动
低风险	10%＜ANPP＜20%	减少大于多年平均的低值，牧业生产为欠年，草地轻度退化
中风险	20%＜ANPP＜40%	2 倍的低风险阈值，草地中度退化
高风险	ANPP>40%	减少大于多年观测序列的最低值，草地重度退化

注：表中所示百分比数值是与生态基准值比较

本项研究中，选择多年平均草地土壤有机碳密度（SOCD）相对基准年减少 5% 作为低风险阈值，表明研究区土壤碳减少超过了生产功能的补偿水平；选择多年平均草地土壤有机碳密度相对基准年减少 10% 作为中风险阈值，这表明研究区草地发生了一定程度的退化（吴绍洪等，2005），选择多年平均草地土壤有机碳密度相对基准年大于 20% 作为高风险阈值，因为草地土壤有机碳减少超过 5% 的部分主要来自于慢性库的减少，这部分有机碳相对稳定，周转时间为 20 ~ 200 年，这部分碳库的减少标志着土壤肥力的明显降低、固碳量的大幅减少且恢复困难（Tan et al.，2010；李克让等，2005）（表 3-13）。

表 3-13　青藏高原草地土壤碳库功能风险阈值

风险水平	阈值	判别依据
无风险	SOCD<5%	正常波动性变化
低风险	5% <SOCD<10%	草地土壤碳减少超过了生产功能的补偿水平
中风险	10% <SOCD<20%	草地开始出现功能性退化
高风险	SOCD>20%	草地退化、稳定性碳组分开始分解

注：表中所示百分比数值是与生态基准值比较

D. 综合风险评估

气候变化对草地生态系统的综合风险是指气候变化对草地造成的综合影响发生的可能性及影响程度。本研究选择草地生态系统两个重要的功能——生产功能和土壤固碳功能进行了气候变化的影响评估，由于生产功能和土壤固碳功能之间是相互联系，不存在互斥作用，所以在综合评估中，两种风险我们并集取最大方法，即可得到每个单元内气候变化的综合风险（Han et al.，2008）。综合风险评估的公式如下：

$$R = \text{Max}(B, S)$$

式中，R 为气候变化的草地综合风险；B 为地上生物量风险；S 为土壤有机碳的风险。

基于该方程，在评价气候变化对不同功能影响和风险的基础上，运用地理空间分析方法，实现青藏高原草地气候变化综合风险分析与评价。

3.3.2.3　结果与讨论

（1）未来气候变化情景下青藏高原草地地上 NPP 预测

利用 CENTURY 模型，对未来气候变化情景下青藏高原草地地上 NPP 进行预测。未来气候变化对青藏高原草地地上 NPP 的总体影响不大，负面影响主要集中在高原西北部地区；RCP4.5 情景下，青藏高原高寒草原和高寒草甸 ANPP 分别下降了 21% 和 15%。远期，在 3 种情景下，青藏高原草地地上 NPP 均呈现较明显的扩大趋势，以东北部和西部最为显著（图 3-11）。

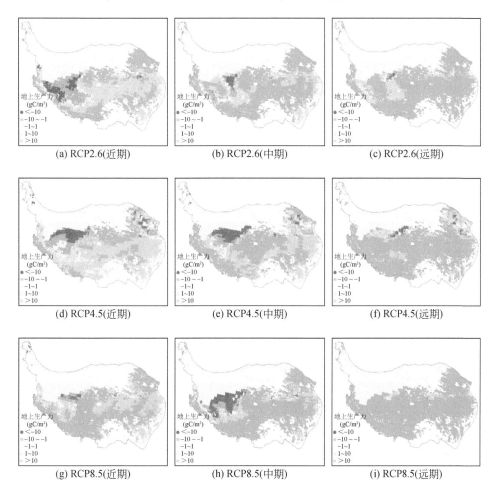

(a) RCP2.6(近期)　　(b) RCP2.6(中期)　　(c) RCP2.6(远期)

(d) RCP4.5(近期)　　(e) RCP4.5(中期)　　(f) RCP4.5(远期)

(g) RCP8.5(近期)　　(h) RCP8.5(中期)　　(i) RCP8.5(远期)

图 3-11　气候变化情景下青藏高原草地地上 NPP 变化

（2）未来气候变化情景下青藏高原草地土壤有机碳预测

利用 CENTURY 模型，对未来气候变化情景下青藏高原草地土壤有机碳进行预测。综合来看，未来气候变化对土壤有机碳产生有一定负面影响，RCP2.6、RCP4.5 和 RCP8.5 情景下高寒草甸土壤有机碳损失分别为 1.89%、1.13% 和 1.22%，均呈现不同程度的降低。其中，远期的土壤碳降低程度最为显著，特别是在 RCP2.6 和 RCP8.5 情景下，部分地区下降超过 10%，主要集中在高原的东部（图3-12）。

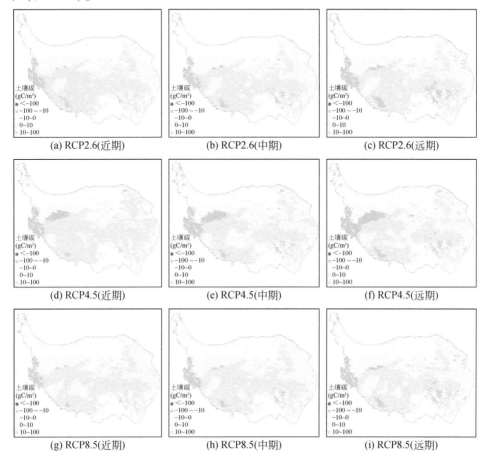

图 3-12　气候变化情景下青藏高原土壤有机碳变化

（3）青藏高原草地生态系统地上 NPP 风险空间分布特征

RCPs 气候情景下，青藏高原草地生态系统地上 NPP 风险格局较为相似，风险区分布面积均较小。近期，青藏高原草地生态系统地上生产力以中、低风险为主，大部分地区表现为无风险；风险主要集中在青藏高原的西部地区和东北部地区。RCP2.6 情景下，风险区主要集中在青藏高原的西部地区，以低风险为主。RCP4.5 情景下，风险区主要集中在青藏高原西部阿里和那曲西北地区，风险等级主要以中、低为主。RCP8.5 情景下，青藏高原草地生态系统地上 NPP 面临的风险相对较小，虽然升温导致生产力增加，但草地质量可能下降，如粗蛋白减少、粗纤维增加等（Hao et al.，2020；张月鸿等，2008）。中期，不同情景下风险分布区域总体相比近期有减少趋势，但在 RCP4.5 和 RCP8.5 情景下，青藏高原风险区面积有所扩张（图 3-13）。

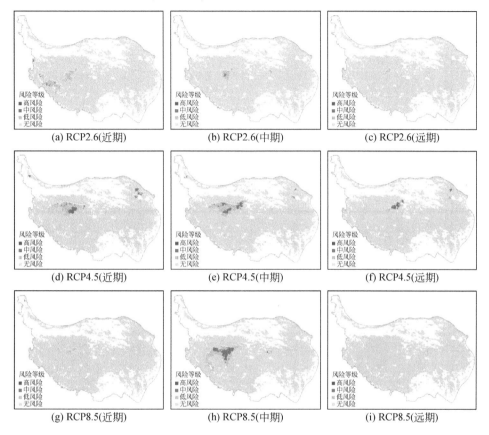

图 3-13　气候变化情景下青藏高原草地地上 NPP 风险空间分布

远期，RCP2.6 和 RCP8.5 情景下，地上 NPP 风险面积有减少趋势，而 RCP4.5 情景则呈现出扩张的趋势，这可能是草原生态系统的地上生产力受气候变化影响明显，特别是降水的影响，不同气候情景下降水格局的差异，导致了风险的差异。

（4）青藏高原草地生态系统土壤有机碳风险空间分布特征

近期，草地土壤有机碳以低风险为主，在 RCP2.6、RCP4.5 和 RCP8.5 情景下。风险区均集中在青藏高原的中部和东北部地区。中期，3 种情景下，风险区面积有扩大的趋势，中部和东北部风险区向东部扩展，且风险程度有加重趋势，其他地区风险区面积未有显著变化。远期，RCP2.6、RCP4.5 和 RCP8.5 情景下，风险程度进一步加重，风险区面积增加，由相对分散变为集中连片，小部分地区表现为高风险特征（图 3-14）。

图 3-14　气候变化情景下青藏高原土壤有机碳风险空间分布

（5）青藏高原草地生态系统综合风险空间分布特征

　　未来气候变化导致青藏高原草地综合风险区面积扩大，风险程度增强。近期，草地风险区主要集中在青藏高原西部、北部和高原东部部分地区。中期，西部高寒草原区风险升高，风险区也呈现出东扩趋势。远期，RCP4.5 和 RCP8.5 情景下风险区面积有所减少，总体仍以中风险为主。总体上，草地风险主要集中在青藏高原西北部的高寒草原区、东北部高寒草甸区，风险区面积相对较小，呈现斑块状分布（图 3-15）。

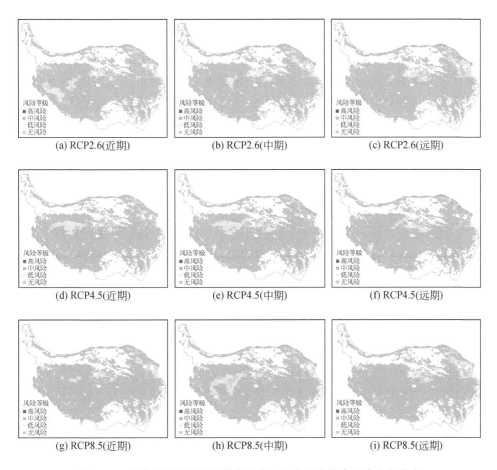

图 3-15　气候变化情景下青藏高原草地生态系统综合风险空间分布

（6）青藏高原草地生态系统气候风险评估案例结论

本案例研究运用 CENTURY 模型，对不同气候情景下青藏高原草原地上生产力和土壤有机碳进行预测，构建以脆弱性、暴露度及危害性为主要气候风险表征的模型。探讨了青藏高原草地生态系统在不同气候情景下生产力风险空间分布特征，土壤碳风险空间分布特征，以及综合风险空间分布特征。研究表明：气候变化会给青藏高原草地生态系统带来生产功能损失的风险，风险等级以低风险为主，风险范围随增温幅度的增加而变化不明显；气候变化将会导致青藏高原草地生态系统土壤碳损失的风险，风险等级以中低风险为主。风险范围随增温幅度的增加而增加；气候变化可能导致青藏高原草地生态系统综合风险区面积扩大，风险程度增强，风险等级主要以中低风险为主。

在 RCPs 情景下，气候变化会给青藏高原草地生态系统带来生产功能损失的风险，风险等级以低风险为主。风险范围随增温幅度的增加而变化不明显。到本世纪远期，近 10% 的青藏高原草地生态系统会面临生产功能风险。风险分布与未来气温和降水变化密切相关，主要集中在青藏高原西部地区。在 RCPs 情景下，气候变化将会导致青藏高原草地生态系统土壤碳损失的风险，风险等级以中低风险为主。风险范围随增温幅度的增加而增加。到本世纪远期，10% 左右的青藏高原草地生态系统会面临土壤碳损失的风险，主要集中在青藏高原东北部及中部。青藏高原草地生态系统土壤碳损失风险的程度随增温幅度的增加以加重为主，且风险程度加重主要集中在中期到远期阶段。

在 RCPs 情景下，气候变化可能导致青藏高原草地生态系统综合风险区面积扩大，风险程度加重，风险等级主要中低风险为主。风险区面积随增温幅度的增加而不断扩展，总体维持在草地总面积的 20% 左右，风险区主要集中在青藏高原西部地区。青藏高原草地生态系统综合风险的程度随增温幅度的增加以加重为主，且风险程度加重主要集中在中期到远期阶段。

决 策 篇

第4章 适应气候变化决策路径

4.1 适应气候变化政策体系构建与政策评估

4.1.1 国际适应气候变化政策体系

4.1.1.1 "一案三制"的政策体系框架

适应气候变化政策体系建设是各国适应工作的重要部分，是确保国家和地方适应目标得以有效落实的重要保障。国际上，适应气候变化政策体系可以从"一案三制"（陈馨等，2016），即行动方案、保障体制、保障机制、保障法制4个方面进行建设，如图4-1所示。

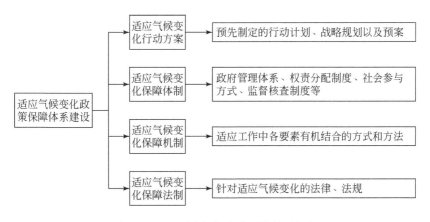

图4-1 国际适应气候变化政策体系框架

国际适应气候变化行动方案，即为适应气候变化预先制定的应对行动计划、战略规划和预案，具体包括各国适应气候变化的行动部署，针对气候变化影响的风险评估与损害补偿、赔偿方案，各行业领域适应气候变化的行动计划，以及应对极端气候事件的预案等。适应气候变化保障体制建设涉及各个国家适应气候变化工作中行政职权的划分与适应部门之间的配合。完善的适应气候变化保障体制，包括全民参与适应气候变化的组织体系、权责分配与管理体制等。保障机制是指将适应气候变化行动与体制以及其他要素有机结合起来的方式和方法，从而快速、准确、协调地发挥各要素适应气候变化的功能，其中包括公众参与机制、南南合作机制、气候援助等。保障法制建设主要着眼于各国为适应气候变化所制定的相关法律、法规与制度，包括法案、保险制度与损害评估制度等，以及涉及信息公开与公众参与的相关法案。适应气候变化需要完善的制度设计来保障工作的落实和展开，从而有效引导适应行动，形成良性循环。

4.1.1.2　国际适应气候变化行动方案

1992 年，世界各国就气候变化问题签署了《联合国气候变化框架公约》（UNFCCC，以下简称《公约》），《公约》要求缔约方制定和实施适应气候变化的计划。此后，世界各国在《公约》下，在区域、国家乃至国家内不同层次出台了相应的适应气候变化战略规划、行动方案和应急预案等，以保障实现提高全球和区域气候变化适应能力的目标。

（1）《公约》下的一致行动

1995 年《公约》第 1 次缔约方会议在德国举行，初步认定适应行动具有获得《公约》资金机制，即全球环境基金（Global Environment Facility，GEF）资助的资格，并提出适应气候变化需要短期、中期、长期的战略。2001 年《公约》第 7 次缔约方会议通过了《马拉喀什协议》，为国家适应行动计划、适应能力建设和技术转让建立了框架性的行动方案，并在全球环境基金之外设立了多项基金，提供资金支持。2004 ~ 2007 年缔约方会议先后通过《关于适应和应对措施的布宜诺斯艾利斯工作方案》《关于气候变化影响、脆弱性和适应的五年方案》《关于气候变化影响、脆弱性和适应的内罗毕工作方案》等一系列工作方案和计划，附属科学技术咨询机构被授权实施方案帮助缔约方就实际的适应行动和措施做出决策（陶蕾，2014）。2010 年《公约》第 16 次缔约方会议达成了坎昆协议，决定建立坎昆适应框架，框架要求所有缔约方规划适应行动，并按照重要性和紧迫程度进行执行，为最不发达国家缔约方设立专项，以帮助其拟定和实施国家适应计划，针对在气候变化影响下特别脆弱的发展中国家，设立工作方案以应对其发生的与气候变化影响相关的损害。2011 年《公约》第 17 次缔约方会议要求附属执行机构继续实施坎昆适应框架对脆弱的发展中国家的工作方案。2015 年《巴黎协定》第 7 条第 1 款构建了与全球温升目标相联系的全球适应目标

（GGA），试图在目标和制度上确保减缓和适应并重。后续谈判围绕 GGA 的落实展开。

（2）主要国家适应气候变化行动方案

主要发达国家和国际组织在适应气候变化中根据自身的情况采取了不同的行动方案（表 4-1）。欧盟在进入 21 世纪之前的气候政策偏重减缓气候变化，直到 2007 年欧盟发布《欧洲适应气候变化绿皮书：欧盟行动选择》，提出尽早开展适应行动，欧洲社会、经济和公共部门应共同准备全面的适应气候变化战略（曾静静和曲建升，2013）。此后，欧盟开始将适应和减缓视为同样重要的应对气候变化举措，采用自上而下的政府层面措施推动适应行动，虽然整体适应战略发布较晚，但其全面性强，行动计划涉及多个领域。

表 4-1　欧盟和发达国家适应气候变化行动方案

国家/组织	时间	标志性文件	主要内容
欧盟	2007 年	《欧洲适应气候变化绿皮书：欧盟行动选择》	提出尽早开展适应行动，欧洲社会、经济和公共部门应共同准备全面的适应气候变化战略
	2009 年	《适应气候变化白皮书：面向一个欧洲的行动框架》	该行动框架建立在对适应气候变化绿皮书进行广泛协商的基础上，目的是提高欧盟对气候变化影响的抵御力。框架采取分阶段的行动：第一阶段（2009～2012 年）为准备一个综合适应战略的基础性工作；第二阶段（2013 年开始）则为适应战略的正式实施
	2013 年	《欧洲适应气候变化战略》	鼓励所有成员国采取综合的适应战略，提出水资源管理、海洋与渔业、沿海地区、林业、农业、金融保险、减灾防灾、生物多样性与人类健康 9 个重点领域，提出一系列的主要行动，将欧盟的适应行动和现有的共同农业政策、共同渔业政策联合，为各成员国解决适应资金障碍、信息和技术壁垒等问题
美国	2011 年	《联邦部门制定适应气候变化规划的实施指南》	指导各部门制定适应气候变化规划，评估气候变化风险和脆弱性
	2013 年	《总统气候行动规划》	从减少温室气体排放、应对气候变化的不利影响和领导应对气候变化国际合作 3 个方面提出了本届联邦政府应对气候变化的具体行动和目标；提出从加强社区防范能力和基础设施安全、保护经济和自然资源、充分利用科学管理措施 3 个方面加强适应工作

国家/组织	时间	标志性文件	主要内容
德国	2008 年	《德国适应气候变化战略》	从全局出发考虑如何适应气候变化带来的影响，并将已经取得进展的各部门工作整合成一个共同的战略框架，提出政府需要明确适应气候变化应该采取的行动，协商并制定各方应承担的责任，出台和贯彻适应气候变化相关措施
	2011 年	《适应行动计划》	该计划为德国适应气候变化战略的配套计划，旨在促进战略的具体实施，为联邦政府指出适应领域的优先行动。此外，该计划建立起适应战略与其他国家长期战略的交互链，使适应成为其他战略的一个新主题
日本	2010 年	《建设气候变化适应型新社会的技术开发方向》	提出制定适应气候变化的国土布局规划技术和协调城市中心与周边自然环境的国土规划技术，并把强化绿色社会基础设施和创建环境先进城市作为适应气候变化的两大战略方向

美国强调政府各部门协作，在不同领域提高适应能力，寻求现实的适应气候变化方案，但目前为止，仍未出台有针对性的国家适应气候变化行动或战略。2009 年，奥巴马政府组建了跨部门气候变化适应工作组，该工作组于 2011 年发布了《联邦部门制定适应气候变化规划的实施指南》，推动了后续适应气候变化规划的出台。

德国政府较早地推出了国家层面的适应战略并提出了与之配套的行动计划，确保适应战略的落实。日本虽然尚未发布国家层面适应气候变化的战略或规划，但其十分重视气候变化适应研究，拥有相对先进的适应技术，日本环境省、农林水产省、国土交通省、文部科学省等各个部门也发布了相应的适应气候变化的研究报告、战略、计划、指南等，世界主要的新兴经济体国家在适应气候变化方面也取得重要进展，详见表4-2。

4.1.1.3　国际适应气候变化体制建设

适应战略实施涉及多个机构部门，构建和完善气候变化适应体制，明确气候变化适应机构设置以及各机构部门的适应职责和管理权限，是适应战略得以顺畅实施的前提。

表 4-2　新兴经济体国家适应气候变化行动方案

国家	时间	标志性文件	主要内容
俄罗斯	2009 年	《俄罗斯联邦气候学说》	确立了应对气候变化的目标、原则、实施途径等，并提出应对气候变化的主要任务是建立气候变化领域的法律、管理框架以及政府规章，利用经济手段推动气候变化减缓和适应措施的实施，为制定和实施气候变化减缓和适应措施提供科技、信息和人才支撑，并加强减缓和适应气候变化的国际合作
	2011 年	《2020 年前俄罗斯联邦气候学说实施计划》	明确了应对气候变化 31 项措施及其责任部门和进度安排
印度	2008 年	《气候变化国家行动规划》	确立了应对气候变化的原则和方法以及国家层面的 8 项行动计划，并成立了总理气候变化委员会，定期评估实施进展
南非	2004 年	《应对气候变化国家战略》	提出一系列与气候变化相关的优先行动，强调将气候变化问题融入政府政策中，并提高公众对气候变化的认识
	2010 年	《国家应对气候变化绿书》	提出南非在全球应对气候变化中承担共同但有区别的责任，确定国家应对气候变化的目标以及为达到目标而设立的原则和战略，并提出适应工作的 3 个重点领域：水、农业和人类健康
	2011 年	《国家应对气候变化白皮书》	部署了水资源、农业和林业、健康、生物多样性和生态系统、人居环境、灾害风险管理等重点领域的应对气候变化行动，在适应方面确定了各部门短期和长期的优先行动领域，并提出了相应的评估机制

在制定和实施与气候变化适应相关的法律、战略和规划的过程中，世界各国通常设立国家层面的专门机构，协调和统筹与气候变化适应相关的现有部门工作。欧盟和澳大利亚都注重知识分享，推动现有研究活动和创新成果为政府决策提供支持。美国则更加注重政府中跨部门协作，成立跨部门的委员会来促进气候科学与政府政策的融合。相较其他发达国家，英国在其《气候变化法案》支持下，较早地成立了专门负责适应气候变化工作的分委员会，是适应工作中体制建设的先行者之一。

气候变化适应除了需要各级政府及其部门之间的协调与合作，还需要广泛动员各种社会力量，形成政府与社会各部门之间的协作和互动体制。美国气候准备度和抗御力委员会与地方政府科研机构私营部门和非营利机构开展合作，通过联邦政府提供的气候变化相关信息、数据和工具，把气候变化理念融入政府部门和私营部门的政策和规划中。德国在制定《适应气候变化战略的行动规划》时，组建了由联邦环境、自然保护和核安全部牵头的气候变化适应战略部际工作组，该工作组除了整合和协调不同联邦部门的行动之外，还组织政府部门与来自科学界、企业界、社会及公共服务等领域行动主体的广泛对话，鼓励各方参与。墨西哥的《气候变化法》规定，气候变化部际协调委员会负责召集社会组织和私营部门针对气候变化减缓和适应表达看法和建议，在相关行动中咨询与环境相关社会组织和私营部门的意见，这些意见可为政府部门调整适应气候变化政策提供参考。

此外，美国、英国以及欧盟已经针对气候变化适应政策的实施过程建立了较完善的监控、评估和报告体制，及时掌握政策实施的进展和效果，为政策调整或新政策制定提供借鉴。

4.1.1.4　国际适应气候变化机制建设

适应气候变化带有较强的社会公共事业特点，各国政府作为公共产品和服务的主要提供方，在适应气候变化行动中担负着重要的领导职能，必须加强政府部门及相关政策之间的协调。例如，欧盟内部通过将适应行动引入原有的"市长盟约"框架，在欧洲各城市节能减排的基础上，鼓励当地政府自愿承诺采取当地适应策略和宣传活动。此外，欧盟还提出了将适应气候变化工作与共同农业政策、凝聚政策、共同渔业政策联动起来，各成员国可使用相关资金开展适应工作在立法和政策制定中，气候变化适应工作开支的大量公共预算必须得到公众的广泛认可和支持同时，适应行动又与公众生活密切关联，公众较强的适应气候变化意识是开展广泛、深入适应行动的基础。

德国出台《适应气候变化战略的行动规划》以推动《适应气变化战略》具体实施，确定的4项核心任务之一就是扩大知识基础，促进信息共享和交流，采取气候变化适应利益相关者对话等形式以增进公众认识。法国也将提高公众意识和加强教育培训作为其适应气候变化的战略之一，具体措施包括：鼓励和促进相关信息在政府决策者之间的共享与交换，加强科学群体与社会公众之间的信息交流，向社会公众提供基础科学信息，大力发展区域气候信息系统，预测未来灾害风险，以供政府决策者使用；所有的信息文档应解释适应的必要性，向公众公开。

美国《国家全球变化研究规划2012–2021》把促进交流和教育也列为美国全

球变化研究的战略目标之一，旨在推动公众对全球变化的理解，为未来储备科技人才。根据该规划，美国在未来 10 年里将通过及时发布与全球变化相关的、可信的信息提高公众的科学认识水平，同时通过参与和对话更好地理解公众对科学和信息的需求，以保证不同层次的决策者均有能力利用这些信息开展决策。具体措施包括提升数据和信息的收集、存储、获取、可视化及共享能力，向科研工作者、决策者、公众等不同群体提供不同形式的信息服务，加强科学家与决策者之间的交流，开发新的信息交流方法，为不同部门应对气候变化提供决策支持等。

发达国家在各自的气候变化适应政策中包含援助发展中国家增强气候变化适应能力。美国国际开发署曾在 2010~2012 财年累计向发展中国家提供了 74.6 亿美元"快速启动资金"的气候援助。在德国，复兴信贷银行及其子公司德国投资开发公司也在气候援助工作中发挥了融资作用。日本在《建设气候变化适应型新社会的技术开发方向》中也指出，需要通过发达国家合作以及发达国家向发展中国家提供援助，共享适应气候变化的科学技术和制度改革经验，提升整个国际社会应对气候变化的能力。日本的气候援助有严密的组织和管理体系，涉及的部门和机构主要包括日本外务省和日本国际协力组织（JICA）。2008 年 JICA 发布了《JICA 应对气候变化行动指南》，声明将帮助发展中国家应对气候变化视为其发展援助的重要议题，计划利用日本先进技术和经验，同时有效整合财政援助手段，促进发展中国家实现可持续发展（JICA，2010）。

4.1.1.5 国际适应气候变化法制建设

20 世纪 90 年代以来，发达国家开始通过立法的形式加强国家层面应对气候变化工作的顶层设计，包括行动目标、政策工具、科技研发部署、机构和制度安排、工作机制等。

不同发达国家针对适应气候变化立法的特点不同。相比其他国家，美国很早就展开了气候变化立法工作，主要通过立法来推动气候计划的制定和实施。英国则在法律层面规定了适应气候变化措施的监察、评估和报告制度，并关注气候变化带来的不利影响和适应措施的效果。德国尚未针对适应气候变化出台专门法律，而是考虑在相关立法中纳入适应气候变化工作，如考虑在《空间规划法》《水资源法》等法律中将适应气候变化列为工作原则。日本将全球气候变暖对策纳入环境法体系，通过立法来设立国家、地方公共团体、事业者、国民应对温室气体的基本职责，并对法律进行不断地修正和完善，配合详细的实施方案，以有效推动法律的施行。如日本 1998 年通过《全球变暖对策推进法》并于 2005~2022 年多次对其进行了修正。欧盟主要采取具有法律效力的条约、条例、指令和决定来促使各成员国推进适应气候变化的工作，并在水资源和洪水风险管理方面有非常具体的规定。如 2003 年颁布的《水框架指令》，就是欧盟在气候变化适应的水资源方面的主流政策工具。墨西哥也于 2012 年发布了《气候变化法》，对联邦地方政府职责、科技支撑、减缓和适应政策、应对气候变化国际体系及其工作机制、政策评估、信息公开与共享、社会参与等做了全面规定，同时以临时条款的形式规定了减缓和适应气候变化的近期行动目标。

4.1.2 我国适应气候变化政策体系

4.1.2.1 自上而下的三层级体系框架

自 2007 年《中国应对气候变化国家方案》发布以来，我国政府相继发布和实施了一系列与适应气候变化相关的政策，根据 2008～2012 年我国发布的《中国应对气候变化的政策与行动》白皮书、《中国气候变化第二次国家信息通报》以及公布的政府文件等，梳理出国家和部门层面适应气候变化相关的政策 100 余项、省级行动方案 31 个和省级规划 21 个。这些政策的出台使我国初步形成了由上而下、由综合部门扩展到专业部门的适应气候变化政策体系（图 4-2）。首先，由国务院发布《国家应对气候变化方案》及《国家应对气候变化规划（2014—2020）》等文件确定了我国应对气候变化工作的整体框架，形成了我国适应政策体系的顶层设计。其次，生态环境部、国家发展和改革委员会等部门制定了《国家适应气候变化总体战略》和《国家适应气候变化总体战略 2035》以及相关法规，指导了国家层面的适应政策制定和实施措施。最底层是由部门和地方政府根据以上的规划、战略和法规，按不同的部门分工和领域特点，制定一系列具体适应政策、措施与行动，将适应气候变化纳入社会经济和生态文明建设的具体工作（彭斯震等，2015）。

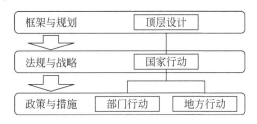

图 4-2 适应气候变化政策体系

（1）国家和部门层面政策

国家和部门发布的适应气候变化相关的政策主要来自国务院及下属的林业、海洋、水利、气象、农业、卫生、民政、科技、发展改革委、国土、环保、交通和住建 13 个部门 ［图 4-3（a）］。经过分析可知：①国务院从规划、法规和政策 3 方面较全面、系统地制定了相关的适应政策以支撑政策体系的顶层设计。②从涉及的部门来看，林业、海洋、水利、气象、农业、卫生和民政等受气候变化影响显著的部门在应对气候变化方面工作较为扎实，制定了一定数量的适应政策，其中海洋、水利、气象和卫生等部门注重政策和规划来推动适应气候变化工作，而林业和农业部门侧重于适应气候变化法规的制定。③从适应政策的种类来看，将 117 项政策细化为法规、政策和规划，其中规划有 58 项，约占 50%；政策有 28 项，约占 24%；法规有 31 项，约占 26%。④从发布的时间来看，2007～2012 年的 5 年中，2009～2011 年是我国适应气候变化政策制定与发布的高峰期，占已发适应政策的 72% ［图 4-3（b）］。

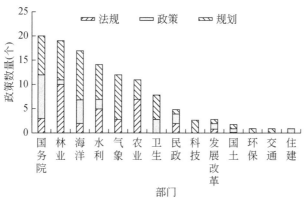

(a) 适应气候变化政策部门分布图

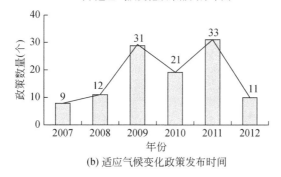

(b) 适应气候变化政策发布时间

图 4-3 适应气候变化政策部门分布和政策发布时间

（2）地方层面政策

《中国应对气候变化国家方案》明确要求地方各级人民政府"抓紧制定本地区应对气候变化的方案，并认真组织实施"。根据国家方案的要求，31个省（自治区、直辖市）在2009年均编制完成了省级应对气候变化方案。2011年，国家发展和改革委员会发布了《地方应对气候变化规划编制指导意见》，指导地方编制应对气候变化规划，北京、上海、天津、江西、陕西等21个省（自治区、直辖市）已经发布了省级应对气候变化规划。一些省份还积极推动制定地方性法规，规范应对气候变化行动中的职责、任务、保障措施等，目前青海和山西两省已经颁布相应的应对气候变化办法。虽然各地尚未制定专门的气候变化适应政策，但应对气候变化方案、规划和相关法规中均包含了适应气候变化的内容。2015年《城市适应气候变化行动方案》发布，将城市行动作为地方适应行动的切入点。2016年和2017年印发的《气候适应型城市试点工作方案》和《气候适应型城市建设试点工作的通知》，推动了气候适应型城市建设试点行动（付琳等，2020）。

4.1.2.2　适应政策主流化趋势

政府各部门发布的专门针对适应气候变化的政策和部门主流化的政策构成了我国在适应气候变化方面的工作基础（图4-4），对于我国适应气候变化能力的提高均发挥着重要作用。目前，虽然其中专门针对适应气候变化出台的政策还较少，但是与气候密切相关的行业和部门制定的政策中，越来越多地考虑和重视适应气候变化的需求，即适应政策逐步主流化。

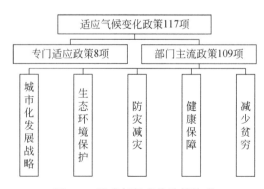

图4-4　适应气候变化政策构成

一方面，专门的适应政策构成了我国适应气候变化工作的政策核心，也是适应政策体系的顶层设计。但是2007～2014年我国政府专门针对适应气候变化工作制定并发布的政策仅 8 项（表 4-3），其中《国家适应气候变化战略》是完全独立针对性的适应政策，《中国应对气候变化国家方案》《中国应对气候变化科技专项行动》《"十二五"国家应对气候变化科技发展专项规划》等政策针对适应气候变化已有专门的章节和内容。这些政策共同形成了我国适应气候变化的整体框架，明确了我国应对气候变化的具体目标、基本原则、重点领域及其政策措施，并从适应气候变化的角度，统筹协调与部署国务院及其组成部门的业务工作。另一方面，部门主流相关政策协同专门适应气候变化政策，提高了我国各领域适应气候变化能力。例如气候变化的背景下，《中国生物多样性保护战略与行动计划（2011–2030 年)》进一步要求加强我国的生物多样性保护工作，有效应对我国生物多样性保护面临的挑战；《国家综合防灾减灾规划（2011–2015 年)》明确要求加强自然灾害风险管理能力建设；《国家减灾委员会关于加强城乡社区综合减灾工作的指导意见》指出加强城乡社区综合减灾工作适应全球气候变化；《国家环境与健康行动计划（2007–2015)》完善环境与健康工作的法律、管理和科技支撑，控制有害环境因素及其健康影响，减少环境相关性疾病发生，维护公众健康等政策。这些部门主流化政策的制定和实施紧密结合专门适应政策协同作用，共同提高了我国生态环境保护、防灾减灾、健康保障、城市化发展和减少贫困等领域适应气候变化的能力。

表 4-3 "专门化"适应气候变化政策

序号	发布部门	名称	年份	适应内容
1	国务院	中国应对气候变化国家方案	2007	明确了 2010 年前中国应对气候变化的目标、原则、重点领域和政策措施
2	国家发展和改革委员会	《国家适应气候变化总体战略》	2013	制定适应气候变化总体战略
3	国家发展和改革委员会	《应对气候变化领域对外合作管理暂行办法》	2010	加强应对气候变化领域对外合作管理
4	科技部	《中国应对气候变化科技专项行动》	2007	落实"应对气候变化国家方案"，加强科技应对气候变化工作
5	科技部	《"十二五"国家应对气候变化科技发展专项规划》	2012	加强和部署"十二五"国家应对气候变化科技工作
6	国家林业局	《林业应对气候变化"十二五"行动要点》	2011	部署"十二五"林业应对气候变化工作

序号	发布部门	名称	年份	适应内容
7	中国气象局	《中国气象局贯彻落实中国应对气候变化国家方案的行动计划》	2011	落实"应对气候变化国家方案"，对各级气象部门应对气候变化工作进行了具体部署和安排
8	国家海洋局	《海洋领域应对气候变化工作方案（2009–2015）》	2009	指导海洋领域应对气候变化工作方案

4.1.2.3　地方政策的因地制宜

通过分析各地应对气候变化方案、规划和相关法规可知，我国地方适应气候变化的政策和行动总体上能够因地制宜，反映各地自然、社会、经济等不同特征，体现适应气候变化的不同需求。首先，从各地应对气候变化政策的制定原则来看，我国绝大多数省份坚持减缓与适应并重的原则，只有极少省份的表述略有差异。例如，甘肃省考虑到其属于生态脆弱区，适应气候变化更为重要和紧迫，因此在其应对气候变化方案中提出"坚持适应优先，注重减缓的原则"。类似的，《青海省应对气候变化地方方案》提出坚持"适应与减缓兼顾并重的原则"。甘肃省和青海省对于减缓和适应二者关系的不同表述体现了适应在当地气候变化行动中的重要地位。其次，由于受到气候变化的影响以及现有的适应能力存在差异，各地适应气候变化的政策目标和重点领域也各有侧重。从图 4-5 和图 4-6 可以看出，几乎所有省份都把农业、林业和其他自然生态系统、水资源作为适应气候变化的重点领域，其中农业领域的适应通常被列为首要任务。绝大部分省份都对这三个领域的适应工作提出了目标，并且多数省份提出的目标中包括了量化指标。从图 4-6 还可以看出，多数省份把防灾减灾列为重点领域。此外，天津、河北、辽宁、山东、江苏、浙江、福建、广西等沿海地区把海岸带作为重点领域；江苏、安徽、江西、湖南、广东、重庆等存在血吸虫病等媒介传播疾病风险的地区把公共卫生作为重点领域（许吟隆等，2013）。宁夏回族自治区针对当地生态环境脆弱的状况，把实施生态移民作为提高适应能力的一项工作目标，而青海省结合其自然地理特征，把提高交通基础设施的适应能力和充分利用气候变暖给旅游业带来的机遇作为重点领域。

4.1.3　适应气候变化政策评估

适应气候变化政策是政府为实现我国适应气候变化目标制定的强制任务、行

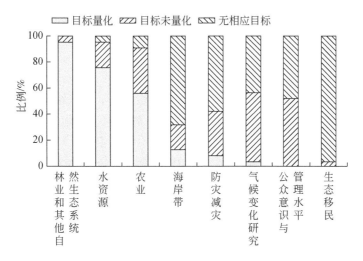

图 4-5　地方层面应对气候变化方案中适应政策目标

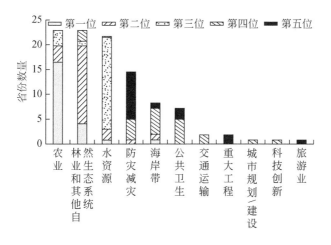

图 4-6　地方层面应对气候变化方案中适应的重点领域

为准则、行动方式、步骤和措施的统称，具体包括规划、政策和法规等，是适应行动措施得以落实的重要保证（潘家华和郑艳，2010；《第二次气候变化国家评估报告》编写委员会，2011）。自 2007 年国务院发布《国家应对气候变化方案》以来，政府各部门相继发布和实施一批适应气候变化相关的政策与法规来指导适应行动（国务院新闻办公室，2011）。根据国际经验，适应政策执行中需要开展监控和评估，以了解政策实施的进展和效果，加深对政策及其实施机制和障碍的认识，有利于及时加以调整或为今后政策制定和实施提供经验借鉴（Willows and Connell，2003）。

4.1.3.1 政策评估方法

适应气候变化政策评估可分为政策制定过程评估、政策组成要素完整性和合理性评估与实施效果评估。Preston 等（2011）对美国、英国和澳大利亚的 57 项适应气候变化的政策组成要素完整性进行评估，发现没有一项政策涵盖了评估框架的全部评价要素，对非气候因素、适应能力等的作用考虑不够，政策平均评分为总分的 37%。Lempert 和 Groves（2010）对美国 Inland Empire 公用事业局《城市水管理规划》适应未来气候变化的实施效果进行评估，并提出了规划方案调整建议。Hardee 和 Mutunga（2010）评价了 41 个最不发达国家的《国家适应行动计划》，发现其适应战略不能很好地满足发展需求。Bouwer（2013）发现英国、意大利、西班牙、瑞典和波兰在执行欧盟水框架中适应气候变化政策设计和实施存在显著差异。Biesbroek 等（2010）发现国家适应战略在欧洲国家实施过程中面临多层次治理和政策整合等困难（Gemmer et al.，2011）。Urwin 和 Jordan（2008）以英国的农业、生态保护和水资源政策为例，指出现有跨部门适应政策需要考虑整合及协同问题。以上开展的一系列的适应政策评估，对各国适应政策的制定、要素完整性和实施效果进行评估，深入地揭示了各国适应政策中存在的问题和不足。

鉴于我国适应政策制定的过程、执行效果相关信息的原始记录保存不够完善、可获得性不强等方面的因素，采用适应政策组成要素的完整性和合理性评估思路，构建适应政策组成要素评估框架，并且将气候变化风险作为要素进行评估。将适应政策的制定划分为 4 个阶段，分别是目标设定、适应能力与资源评估、决策、实施与评估，并进一步细化为 19 个流程。基于适应政策制定的阶段和流程，设计出我国适应政策评估指标体系（表 4-4），并根据每个流程实现的情况评分（表 4-5）（张雪艳等，2015）。

4.1.3.2 政策评估案例

对我国现有的适应政策与行动进行梳理，通过统一的适应政策评估框架和方法，对国家和部门层面的专门化适应政策进行定量评估，旨在了解适应政策实施的进展和效果，加深对政策及其实施机制和障碍的认识，为今后政策制定和实施提出可供决策参考的建议。作为发展中大国以及易受气候变化不利影响的脆弱国家之一，我国的适应经验可为国际社会特别是其他发展中国家提供借鉴。

表 4-4　适应政策评估指标体系

目标层		指标层	
阶段	含义	流程	含义
目标设定	决策者通过适应达到的目标，以及确定目标是否达到的指标	适应目标或优先领域	建立适应目标
		确定成功指标	确定适应目标是否达到的指标
		人力资本评估	考虑实施适应政策者的技能、知识与经验
适应能力与资源评估	评估为实现适应目标或实施适应政策所需要的人力、社会、自然、硬件和资金资源是否具备或充足	社会资本评估	考虑现有与适应相关的管理与政策环境，相关的适应机构、组织和商业企业
		自然资源评估	考虑对气候敏感的自然资源、生态环境服务功能
		实物资本评估	考虑对气候敏感的物质文化、资产和基础设施
		金融资本评估	考虑资金资源的筹集与流动
		利益相关方参与	适应决策过程中利益相关方或社群的参与
		气候因素评估	考虑历史气候趋势、变率和未来气候预估
		非气候因素评估	考虑其他环境和社会经济要素的变率与趋势
决策	评估适应政策选项，并确定适宜的适应政策	影响、脆弱性和风险评估	评估气候变化的影响、脆弱性和风险
		清楚科学假设与不确定性	清楚影响、风险评估的科学假设与不确定性
		适应政策选项比较与确定	比较与选择不同的适应政策选项
		与现有政策的一致性	鉴别适应政策的实施与现有政策、规划的一致性
		主流化	鉴别适应气候变化制度化
		适应政策传达与推广	传达与下发适应政策
实施与评估	实施适应政策，并评估效果	确定政策实施责任人	明确谁是适应政策实施的责任人
		实施机制	建立实施适应政策的机制
		监督、评价与审评	建立监督体系，并进行评估与审评

表 4-5　适应政策指标评分标准

分数	赋分条件
0	没有证据表明被评估的适应政策考虑了某一评估指标的内容，即适应政策某一重要组成部分或规划过程被忽略

分数	赋分条件
1	有证据表明适应政策制定过程中考虑了某一评估指标的内容，但仍然不完善，需要进一步改进
2	有证明表明适应政策制定过程中考虑了某一评估指标的内容，且在现有科学认识条件下，已经较好地实现适应政策的目标

根据适应政策要素组成评估框架和方法进行评估，最高综合评分为 38 分，最低综合评分为 0 分。评估结果如下：

1）适应气候变化政策平均分为 15.8 分，约为总分的 41.6%。最高为《适应气候变化国家战略》24 分，最低为《海洋领域应对气候变化工作方案》和《应对气候变化对外合作管理办法》7 分（图 4-7）。适应政策的平均分不足总分的 50%，说明政策组成元素缺项较多，仍有较大的改进空间；《应对气候变化国家方案》《适应气候变化国家战略》《应对气候变化科技发展专项规划》得分较高，是由于政策组成元素较全面。而《海洋领域应对气候变化工作方案》和《应对气候变化对外合作管理暂行办法》侧重具体工作部署，对适应能力和资源配置、决策的科学和社会基础表述不足。

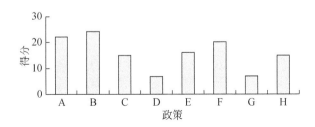

图 4-7　适应政策评分

A. 应对气候变化国家方案、B. 适应气候变化国家战略、C. 林业应对气候变化行动要点、D. 海洋领域应对气候变化工作方案、E. 应对气候变化科技专项行动、F. 应对气候变化科技发展专项规划、G. 应对气候变化对外合作管理暂行办法、H. 气象局落实国家方案的行动计划

2）从适应政策制定的四个阶段来看，适应政策的目标设定平均为 11.5 分，适应能力与资源评估平均为 2.6 分，决策平均为 6.6 分，实施与评估平均为 9.2 分。适应政策目标设定清晰，实施的主体和机制明确。适应政策的主要短板是实现适应目标的资源配置不清楚，决策的科学基础表述模糊（图 4-8）。

3）从适应政策制定的 19 个流程来看，适应目标或优先领域（O1）、与现有政策的一致性（D7）、主流化（D8）、适应政策传达与推广（I1）为 12 分以上。社会资本评估（A2）、非气候因素（D3）评估为 0 分，自然资源评估（A3）、实物资本评估（A4）、清楚科学假设与不确定性（D5）为 2 分（见图 4-8）。凸显出适应政策制定在自然资源评估、社会资本评估、实物资本评估、非气候因素、科学假设与不确定等方面存在严重不足。

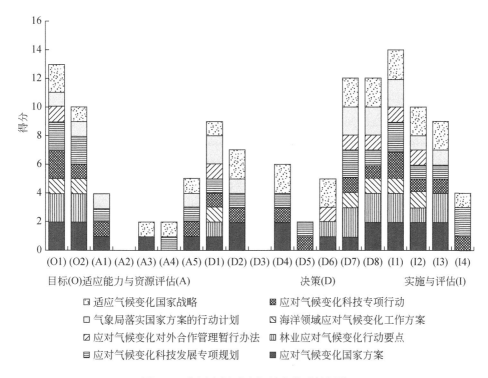

图 4-8　我国专门适应气候变化政策评估

适应目标或优先领域（O1）、确定成功指标（O2）、人力资本评估（A1）、社会资本评估（A2）、自然资源评估（A3）、实物资本评估（A4）、金融资本评估（A5）、利益相关方参与（D1）、气候因素评估（D2）、非气候因素评估（D3）、影响、脆弱性和风险评估（D4）、清楚科学假设与不确定性（D5）、适应政策选项比较与确定（D6）、与现有政策的一致性（D7）、主流化（D8）、适应政策传达与推广（I1）、确定政策实施责任人（I2）、实施机制（I3）、监督、评价与审评（I4）

采用适应政策组成要素评估框架，对我国最有代表性的专门化适应气候变化政策进行评价，认为我国适应政策的平均评分为总分的 41.6%，与美国、英国和澳大利亚的 57 项适应政策的平均评分为总分的 37% 相当，整体处于相近水平。同时，揭示了我国适应气候变化政策存在的问题。

1）我国适应政策的目标清晰，但支撑落实的适应资源匹配不明确；适应目标设定较高，但与之对应的适应能力与适应资源匹配不明确。如现有适应政策仅提到适应气候变化行动中人力资源的重要性和加大资金投入等，对适应行动所需的社会资本、自然资源和实物资本基本没有涉及，使我国适应政策的实施面临资源来源不明确等问题。

2）我国适应政策决策重视利益相关方和影响评估基础，但仍不完整。比较重视利益相关方参与，采用气候因素评估的结果作为决策基础，但忽视了对非气候因素的评估，对当前气候变化领域的科学假设和不确定性考虑不足；对气候变化的影响相对重视，但对适应决策很关键的未来风险评估不足，针对未来适应行动的科学基础仍然较弱。

3）适应政策推广实施较好，但监督不足，适应成效评估较弱。适应政策向下传达渠道明确，由省级政府和相关机构负责实施，实施机制相对较完善，但对适应政策实施过程的监督不足，只有《应对气候变化国家方案》和《适应气候变化国家战略》有相对完整的实施与监督机制，多数没有明确的监督机制的表述。同时，现有政策对成效评估多数没有明确的成效评估工作安排，需要进一步完善。

4.1.4　适应气候变化政策体系建设启示

4.1.4.1　完善适应政策体系和决策机制

制定适应气候变化关键部门的中长期适应专项规划，进一步完善适应政策的顶层设计；加强部门和区域适应规划之间的衔接，将适应与其他领域的协同效应发挥得更充分；创新适应政策制定的过程模式，将"自上而下"和"自下而上"的两种决策模式结合起来；加强适应政策目标与适应资源的匹配度，配套必要的人力、财力和物力，促进适应政策的落实；加强适应行动、政策实施的后评估，建立健全政策评估体系，确保评估的独立性，认真对待评估结论，注意对评估结果的消化与吸收，使政策评估真正发挥作用。

体制建设上，中国应设置专门的适应气候变化管理及研究机构，与利益相关方进行交流协作，建立研究工作监控、评估和报告体制；机制建设上，中国应鼓励适应气候变化相关研究，促进信息分享和交流，填补知识空白，增进公众认识，为适应气候变化行动提供坚实的社会基础；法制建设上，中国应将适应气候变化纳入现有的法律体系，明确适应气候变化的基本制度与基本措施。此外，中国可在向发达国家寻求先进技术转移的同时，利用南南合作机制，向其他发展中国家提供力所能及的技术援助，开展气候外交，逐步提升中国在全球适应气候变化工作中的影响力。

4.1.4.2 夯实适应气候变化决策的科学基础

一是构建包括气候变化适应的影响-风险-能力研究各环节的基础研究体系，加强各环节之间的联系，加强气候变化风险关键环节研究，将适应政策的制定建立在充分科学依据的基础上，增强适应政策的针对性和可实施性；二是研发和推广符合我国国情的适应气候变化技术，构建适应技术集成体系，为落实适应政策和行动提供更广泛的途径和空间；三是加强社会经济领域适应政策与行动的研究，降低气候变化对产业和能源等非传统适应领域造成的不利影响。

4.1.4.3 完善适应气候变化相关治理结构

气候变化的适应性措施往往具有公共产品的属性，需要政府与公民对公共生活的合作管理，建立起民间和政府组织、公共部门和私人部门之间的管理和伙伴关系，以促进社会公共利益的最大化。一是政府需要通过政策和规划统筹管理、分配和引导社会公共资源的开发方式和利用途径；二是政府需要公平分配实施适应气候变化措施过程中可能带来的有利或不利后果，恪守保障社会公平的职能；三是要让公众在气候、环境和资源管理中获得知情权、参与权和监督权。

4.2 适应气候变化技术优选与清单编制

4.2.1 适应气候变化技术分类研究

适应气候变化技术是应对气候变化行动的重要举措，适应气候变化技术的分类是加深适应气候变化认识的有效手段。通过对适应气候变化技术分类问题的分析，总结提出了不同的适应气候变化技术分类方式：按气候变化影响过程、按区域、按领域、按适应目的、按适应机制、按适应时效、按适应程度、按适应层面等（李阔等，2016）。

4.2.1.1 根据气候变化影响过程分类

从气候变化影响过程来看，可以将适应气候变化技术分为气候变化影响发生前、发生中与发生后三类。在气候变化的影响发生前，需要采取措施减小气候变化的冲击，改善区域环境与局部生境。在气候变化影响发生中，利用受体的自适应能力，采取措施诱导受体自身的抗逆性，增强受体的恢复力和利用有利因素的能力；如果受体自身的能力不足以抵御气候变化的影响，通过采取人为措施调整受体结构与功能。在气候变化影响发生后，采取所有的措施都不足以抵御气候变化的影响时，采取避让措施规避和转移气候变化的风险，包含风险的时空规避，风险的分散和转移。以农业、林业、草地畜牧业为例，根据气候变化影响过程对适应技术进行分类（表4-6）。

表4-6 根据气候变化影响过程对适应技术进行分类（农业、林业、草地畜牧业）

领域	气候变化影响发生前	气候变化影响发生中		气候变化影响发生后
农业	农业生态建设、人工影响天气、灌溉设施建设、耕作措施、地膜覆盖、培肥土壤、病虫害防治等	利用自适应能力：选用抗逆品种、种质资源保护和基因库建设、合理轮作、间套作等		风险规避：调整播期、空间转移、农业保险、转型规避等
		增强适应能力：培育抗逆品种和高光效品种、抗旱抗寒锻炼、蹲苗、化控、整枝、培育壮苗、种植结构调整（包括种植制度调整、作物布局调整、品种结构与布局调整三个方面）等		
林业	林业生态建设、林业基础设施建设栖息地保护与恢复、森林火险防控（非防火期林内可燃物计划烧除）有害生物防治等	利用自适应能力：就地保护、优良抗逆树种选用、自然种群繁育、种质资源保护和基因库建设		风险规避：廊道建设、迁地保护、防火隔离带、林业保险等
		增强适应能力：优良抗逆树种选育、林分结构调整、人工种群繁育、人工补饲、避难所建设等		
草地畜牧业	草地生态建设、草地畜牧业基础设施建设、虫鼠害统防统治、草原火灾防控、动物防疫等	利用自适应能力：抗逆牧草品种选用、抗逆畜禽品种选用、种质资源保护和基因库建设等		风险规避：季节性放牧、划区轮牧、草地畜牧业保险等
		增强适应能力：培育抗逆牧草品种和抗逆畜禽品种、人工草地改良、畜群结构调整、牧草品种和饲料结构调整、越冬饲草料储备等		

4.2.1.2 根据区域与领域气候变化影响分类

中国幅员辽阔，气候特征变化多样，因此将区域与领域结合起来对气候变化影响特征进行分析，再针对性地开展适应气候变化技术分类更具有现实意义（表4-6）。针对气候变化特征以及中国地貌特征的不同，可以分为东北地区、华北地区、华东地区、华中地区、华南地区、西北地区、西南地区、青藏地区八个区域。在每个区域内，不同领域面临的气候变化问题既有差别也有相似之处，但不同领域所需要采取的适应技术措施则完全不同，各个领域在不同区域都有所侧重，东北地区重点需要关注粮食生产，东部沿海城市则侧重于海岸带防灾减灾与海岸带环境保护，西南地区侧重于地质灾害防治，西北地区重点解决干旱缺水问题，华中地区侧重于旱涝灾害与农业生产，青藏高原则重点关注生态环境保护。

以东北地区为例，近50年来气温上升显著，降水总体呈现减少趋势，东北地区西部特别是吉林省中西部地区干旱趋势加重，土地荒漠化和盐渍化越来越严重，病虫害呈现加剧趋势，冷害频发。受到气候变化的影响，东北地区农业领域最为敏感，从种植结构调整、农艺技术改变、品种选育、工程建设等方面都开展了相应的适应行动，一方面有效利用增加的热量资源，农作物种植面积在扩大，尤其是水稻扩种明显，另一方面为应对气候变暖导致的灾害频发、环境退化等问题，免耕覆盖栽培技术、测土施肥技术、耐旱高产优质品种选育、节水灌溉技术、中小水库修建、沃土工程建设等一系列适应技术措施不断研发并投入使用推广。对于以上每一类适应技术措施，可以根据其技术特点进一步进行细分，如节水灌溉技术，在东北地区不同的区域，针对不同的干旱程度（轻旱、中旱、重旱），可以具体采取渠道灌溉、喷灌技术、膜下滴灌等不同的节水技术，其中的具体实施步骤应根据当地情况适当调整。对于东北地区林业领域，受到气候变化影响，森林可燃物增加，火灾发生频次增多，森林病虫害种类、爆发范围、强度都有一定程度增加。针对以上影响，林业领域应当从灾害监测预警、生态环境保护、工程建设等方面采取适应技术措施，包括林火、病虫害监测预警体系、防火隔离带建设、有害生物防控技术、低产低效林改造、濒危树种培育、珍稀濒危物种栖息地保护、天然林保护建设等。从全国角度来看，东北地区是中国主要的粮食产区，气候变化所带来的影响可能引起粮食产量的巨大波动，因此对于农业领域的适应气候变化技术措施应当是东北地区关注的重点，其他领域则是必要的补充。从区域、领域两个层面，对适应技术进行分类，可以更加深化对适应技术的认识，厘清气候变化影响与适应技术之间的关系，为有效建立适应气候变化技术体系奠定基础。

基于以上认识，从东北地区、华北地区、华东地区、华中地区、华南地区、西北地区、西南地区、青藏地区等八个区域，以及农业、水资源、生态环境等三个领域，对适应气候变化技术进行了综合分类分析，初步构建了基于区域与领域气候变化影响的适应分类体系（表4-7）。

表4-7　基于全国八大区域与三个领域的气候变化影响的适应分类

区域	农业领域	水资源领域	生态环境领域
东北地区	水稻和冬小麦种植区适度北扩；适度提早播种和改用生育期更长的品种；推广管灌、滴灌等节水灌溉方式与节水栽培技术等	实施跨流域东水西调工程；加强中小河流水库的兴建和维修；控制地下水过度开采，尤其是湿地周边地下水开采等	实施西部防风治沙与天然林保护工程；实施沃土工程，推广黑土地保护性耕作技术，遏制黑土地退化；保护湿地资源和生物多样性等
华北地区	冬麦北移；调整适应干旱缺水的种植结构与作物布局；研发推广抗旱优质高产品种；集成节水灌溉与农艺节水技术，大力发展节水高效设施农业等	修订地下管线的设计和维护标准，加强地下排水管线建设，减轻城市内涝；控制地下水超量开采，实施雨季回补；合理配置、高效使用南水北调资源等	严重退化草地实行禁牧封育；沙化严重农田退耕还林还草；优化首都圈城市规划布局，缓解资源环境压力；调整产业结，严格控制高耗水高污染产业等
华东地区	开展精细化农业气候区划；平原农田平整土地实现园田化；收集保存各类抗逆丰产动植物品种资源，建设基因库与种质库等	提高台风、洪涝及重大海洋灾害的监测及预警水平；建立和完善对过境台风的省市联动的应急体系等	恢复原有红树林，利用变暖的条件适度北扩；修订区域污水排放标准，生物措施与工程措施结合综合治理水环境，削减陆域污染物入海量；改善城市人居环境与城市生态结构，缓解城市热岛效应；保护沿海滩涂湿地，建立珊瑚礁、红树林等海洋自然保护区；建立海洋环境事件应急系统等
华中地区	选育抗逆适应品种，加强抗旱防涝减灾技术开发应用及再生稻等灾后补救技术等	充分发挥水利枢纽工程的调度作用，加强上游防洪、堤防提高加固、改善排水系统；滞蓄洪区的保护与合理利用等	上游水土保持和现有湖泊的综合治理，湿地的保护与恢复；发挥湿地的生态功能。减轻旱涝灾害，保护生物多样性；合理规划城市布局，扩大城市绿地面积与水面，改善城市气候，调整建筑设计标准，调节居室环境。血吸虫病潜在风险区的监测网络建设，改进气候变暖条件下血吸虫病的防控技术等

续表

区域	农业领域	水资源领域	生态环境领域
华南地区	充分利用华南热量资源丰富优势；适度北扩发展热带亚热带经济作物、水果与冬季蔬菜生产等	完善南海台风及其次生灾害的监测预警体系，增设南海岛礁监测站点；完善防台工程体系，加高加固海堤，修订沿海及海洋工程设计防护标准；建立咸潮监测与预警体系，加强上游水利枢纽工程建设和联合调度；加强城市排水，城市防洪排涝系统等	利用山区有利地形，建立干旱、高温、寒害等灾害的防灾减灾体系；加强红树林与珊瑚礁自然保护区的管理和养护，控制陆源污染物的排放；提高城市绿地覆盖率，改善居住环境，减轻热浪危害等
西北地区	开展坡改梯和沟坝地农田基本建设；推广集雨补灌；发展区域特色农业，加大扶贫；推广膜下滴灌等节水灌溉技术、地膜、秸秆覆盖技术、化学抗旱技术和耐旱品种等	新建一批骨干水库与水利枢纽工程；实施地表水－地下水联合调度；建立信息采集平台和冰雪融水监测预警系统；实时监测固体水资源动态，预防洪旱灾害等	实施小流域综合治理，控制水土流失；推广季节放牧与冬春舍饲相结合和牧区与农区合作易地育肥模式；陡坡退耕还林还草等
西南地区	构建不同类型地区（河谷平原、低山丘陵、高原等不同地形与热带、亚热带、温带等不同气候带）的特色立体农业适应气候变化技术体系等	在干旱缺水山区兴建蓄水塘库；灾害监测信息共享、预警与多部门协调联动，在灾害频发区建设示范避险场所等	在石漠化典型区建立工程措施与生物措施结合的综合治理示范区；编制山地灾害风险区划，分类指导；新建一批并完善现有自然保护区的管理，建立生态廊道、珍稀动物养殖场和种质库，减少环境威胁；在气候变化情景下保护生物多样性等
青藏地区	发展河谷特色农业；推广转光膜，扩大设施蔬菜花卉生产等	协调上中下游需水，按流域统一管理优化配置水资源，建设骨干水利工程和基础水利设施等	以草定畜，实施退牧还草和生态移民；建设人工草地，修复退化草地；推广农牧耦合循环经济范式，发展新型生态畜牧业，坚持草畜平衡，加速草地改良与生态恢复；三江源湿地保护，划分生态保护与限制开发区，实现生态自然恢复与人工修复；建立健全牧区暴风雪、高原东部山地灾害、河谷低温霜冻等防灾减灾协调体系，编制各类灾害应急预案

4.2.1.3　其他分类方式

从气候变化影响过程、影响领域、影响区域分类，为建立适应气候变化技术措施分类体系奠定了基础。从适应目的、适应机制、适应程度、适应时效等方面分类（表4-8），对于建立适应气候变化技术体系具有很好的辅助作用，可以使人们更清晰地认识适应气候变化技术措施的内涵。

表4-8　适应气候变化技术其他分类方式概表

	适应目的	适应机制	适应程度	适应时效	适应层面
适应分类	趋利适应	主动适应	过度适应	长期适应	国家层面适应
					区域层面适应
			适度适应	长期适应	城市层面适应
				近期适应	村镇层面适应
	避害适应	被动适应	适应不足		社区层面适应
				应急适应	个人层面适应

（1）根据适应目的分类

适应气候变化技术措施从最终目的来看，主要分为两个方面：趋利与避害。趋利适应是指以充分利用气候变化带来的有利因素和机遇为主要目标的适应措施，避害适应则是以规避和减轻气候变化不利影响为主要目标的适应措施。趋利适应的核心是有效利用气候变化所带来的有利影响，如热量增加、生长期延长等。东北地区水稻和玉米扩种是典型的趋利适应措施，随着气候变化，东北地区温度的升高增加了作物生长季的热量资源，为作物布局的调整提供了可能，水稻种植范围自20世纪80年代以来逐渐向北部地区推移和扩展，目前已经可以在52°N左右的呼玛地区种植（云雅如等，2007），同时玉米的分布从最初的平原地区逐渐向北扩展到了大兴安岭和伊春地区，向北推移了大约4个纬度（周立宏等，2006）。避害适应的核心是尽量减轻或避免由于气候变化带来的不利影响，如干旱、洪涝灾害加剧等。在气候变化背景下，华北、东北、西北地区东部和西南大部的气候持续暖干化，降水量明显减少，生长季延长使作物需水量增加，社会经济发展不断挤占农业用水，使得这些地区的农业干旱不断加剧，针对不同区域的具体情况，调整新建水利工程布局，维修已有水利设施，完善灌溉系统，推广节水灌溉，调整种植结构和作物布局等措施成为典型的避害适应措施。因此，气候变化在对人类环境带来巨大挑战的同时，也带来了某些有利因素。适应气候变化,既要考虑趋利,也要考虑避害,力求二者有机结合,取得最大的适应效果。

(2) 根据适应机制分类

根据适应机制,适应气候变化技术可以分为主动适应技术与被动适应技术。主动适应技术是指人类针对气候变化及其带来的影响,主动采取措施应对气候变化,包括目前绝大多数已知的适应技术,适应概念本身就包含了"调整人类行为",因此适应技术一般都带有人类的主观能动性,其中人类能够有效预测的气候变化及其影响,往往能采取有效的适应措施。以应对洪涝灾害为例,受气候变化影响,中国部分流域极端气候、水文事件频率和强度可能增加,因此有针对性开展流域洪涝灾害预测预警研究,制订洪涝灾害应急预案,加固提高重点河流堤防等适应措施,都可以看作主动适应技术。被动适应技术是指针对人类未能预测的气候变化及其影响,以及人类自身能力不足,所导致的人类未能预先作出反应并采取有效措施,只能被动地根据具体情况采取应对措施,如部分针对突发事件的适应技术与措施。仍以洪涝灾害为例,气候变化影响下一些流域极端洪涝灾害暴发的可能性大大增加,尤其近年来其所引发的城市内涝问题越来越严重,造成该问题的原因是对气候变化背景下城市内涝发展变化趋势认识不清晰,从而导致各种提前预防、灾中应对措施、灾后补救措施准备不足,在这种情况下采取的城市交通管制、排水管道临时维护、人员车辆临时救援等一系列措施应该划分为被动适应技术。随着全球气候变暖,在应对气候变化过程中应当更多地采取主动适应技术,被动适应技术可以作为必要的补充,实现适应效果的最优化。

(3) 根据适应程度分类

适应气候变化技术从适应程度方面分类可以分为适应不足、适度适应、过度适应。适应不足是指对气候变化的影响或适应技术本身的认识不清晰,导致所采取的适应技术措施不能达到预期的效果,不足以充分减轻气候变化的不利影响或充分利用气候变化带来的某些机遇。如华北地区面对气候暖干化的趋势,仅采取农业灌溉节水措施远远不足以缓解缺水压力,因此需要从农业、工业、城市、人们生活等所有涉及用水者的角度综合进行考虑,多层面、全方位采取以开源节流为原则的适应技术措施,才能最终有效缓解由于气候变化与人类活动共同作用导致的缺水局面。过度适应则是指针对气候变化影响所采取的适应措施过多、过杂,虽然可取,但没有重点,导致资源、人力、物力的浪费,反而带来一些负面效应或导致过高的成本。如在海岸带地区,气候变化导致海平面上升,台风与风暴潮灾害威胁加剧,沿海有条件的城市为了抵御未来的灾害侵袭,在未有效评估气候变化所带来的影响情况下,将沿海堤防过度加固加高,造成不必要的经济资源浪费。适度适应是在有效评估气候变化及其所带来的影响前提下所采取的有针对性的适应技术措施，适度适应是在人类应对气候变化过程中采取的合理有效手段，即在对气候变化及其影响进行科学分析、准确把握的基础上，采取针对性强、经济合理、技术可行的适应措施，从而获得良好的经济效益、社会效益和环境效益。

（4）根据适应时效分类

根据适应技术的时效性，可以将适应气候变化技术分为长期适应技术、中期适应技术、近期适应技术与应急适应技术。长期适应技术是指针对气候变化及其所带来的长期影响，采取有效的适应技术措施进行应对，往往包括长期适应规划与适应战略的制定、标准（工业、施工、材料等）的制定、重大工程与系统工程的建设等；时间尺度约几十年，有些重大工程建设甚至需要考虑到未来上百年的气候变化。中期适应技术是指针对气候变化及其所带来的中期影响，采取合理有效的适应技术措施进行应对，主要是针对未来一二十年气候变化所采取的适应措施，包括中期适应方案的制定、适应品种的选育、防灾减灾体系构建等。近期适应技术是指针对气候变化及其所带来的近期影响，采取合理有效的适应技术措施进行应对，包括种植结构调整、节水灌溉技术、林分结构调整、生态环境保护等大多数目前正在采取的适应技术。应急适应技术是指针对气候变化导致的干旱、洪涝、低温、高温等灾害所采取的应急措施，包括抢险救灾措施、灾害重建措施、避险移民措施等。以上四类适应只是从时间尺度上的大致划分，相邻类型之间并无严格的界限。时间越远，适应对策相对宏观，侧重战略性和政策性措施；时间越近，适应对策相对微观，侧重战术性和技术性措施，更加强调可行性与可操作性。

4.2.2 适应气候变化技术清单编制

适应气候变化技术的研发和应用大幅提升了人类在农业、水资源、自然生态系统等脆弱领域的适应能力（何霄嘉等，2017；Aggarwal et al.，2019）。适应气候变化技术清单（简称"技术清单"）是面向气候技术引进、推广或研发的目的需要，按照科学的方法学流程，在对适应技术需求、技术存量或技术战略方向进行研判基础上，形成的系统性技术集合体，以公共性、明晰性、公开性为主要特征（刘燕华等，2013；IPCC，2014）。

4.2.2.1 技术清单编制方法学

在《联合国气候变化框架公约》下的技术转让框架中制定了技术需求评估

（technology needs assessments，TNA）机制，该机制目的是帮助发展中国家识别和分析所需的减缓/适应优先技术，以促进这些技术的转让（UNFCCC Secretariat，2006；潘韬等，2012）。联合国开发计划署（United Nations Development Programme，UNDP）等国际机构为指导发展中国家实施TNA项目，陆续出版了多部TNA研制指南（Ockwell et al.，2015；Urban，2018；范丹和孙晓婷，2020），对评估过程和评估方法进行了详细阐述。UNDP的TNA评估方法学框架包括背景介绍、影响分析、优先领域识别、形成技术清单、识别优先技术、障碍分析和行动计划等八个环节，构成了技术需求清单评估方法学的重要组成部分。中国在推进TNA项目过程中，在参考UNDP方法学基础上，开发了本地化的中国适应气候变化技术需求清单评估方法学，体现在《中国适应气候变化技术需求评估综合报告》（王克和刘俊伶，2016）等中。中国TNA项目开发了《适应气候变化技术需求评估方法指南》和各行业的《适应技术需求评估方法学》。该方法学明确了开展气候适应技术需求评估工作的核心步骤，包括关键领域识别、确定优先子行业、确定长清单（重点技术）和短清单（优先需求技术）、通过案例分析对技术差距与技术转让障碍进行深入分析、提出政策建议等环节（丛建辉等，2021）。

此外，在适应气候变化的实践中，国家/区域都已经积累了一批成熟且应用前景较好的技术。针对适应气候变化现有技术进行识别、评估，形成技术清单的目的是了解本国/区域的技术拥有状况，包括数量、结构和分布等，旨在摸清技术存量，支撑促进技术推广的财税政策制定，推广应用相关技术服务，以及促进我国适应技术国际合作、向其他国家提供技术转移服务。适应气候变化现有技术清单评估方法学与技术需求清单评估方法学具有根本性差异。与技术需求清单评估方法学相比，现有技术清单评估方法学在技术信息来源、技术指标评价等方面发生了显著变化。技术需求清单所识别技术主要通过企业技术信息征集和调研收集，更新频率较低，技术类别划分偏中观，技术筛选时对本地适用性、协同效应等指标重视程度较高；现有技术清单中的技术更新频率相对较高，技术类别划分微观具体，技术筛选更为关注技术产业化指标（丛建辉等，2021）。目前国内只有少量文献探讨了中国部分区域重点行业的适应气候变化技术清单，如韩荣青等（2012）、李阔等（2016）分别选取华北平原和东北地区的农业适应气候变化技术体系框架进行设计。刘燕华等（2013）、潘韬等（2012）、葛全胜等（2015）较为详细地讨论了中国适应气候变化技术分类体系、技术框架、技术表达方式等。

4.2.2.2 技术清单编制案例

针对我国现有的适应气候变化相关技术，葛全胜等（2015）研制了我国适应气候变化领域技术清单。全面收集了研究时限范围内的技术信息，并从技术的适用领域、适用范围以及不足之处等方面对技术现状进行分析评述，筛选出具体适应技术 1.2 万余条。通过此技术清单，可总体上呈现本国各领域的技术拥有状况。通过该方法学识别得到的技术清单，对技术发展情况（时间分布、区域分布）、技术持有人、技术研究合作情况、现有技术可解决的主要问题以及每个领域技术的薄弱环节等都有比较清晰的展示，并在时间尺度上呈现出技术的发展状况，在空间尺度上呈现出不同区域的技术积累和技术创新能力。在技术的信息来源方面，通过文献搜集、专家访谈等形式，全面整理出技术热点，再将技术热点提交第三方专利机构进行查询，对获取的专利技术信息按照专利申请人、专利有效性等原则进行筛选。在技术的类别划分方面，按农业、林业、水资源、生态系统、海岸带、人体健康等领域进行分类。在技术清单的呈现形式方面，包括技术类型、专利申请号、专利名称、申请单位和发明人信息等内容。专利信息的展示为该方法学的特色之一，通过此技术清单，能够快速对应到具体技术专利及其持有人（丛建辉等，2021）。

（1）技术收集

通过文献搜集、专家访谈等形式，了解当前重点领域适应气候变化的主要技术热点，并根据了解的情况，尽可能全面地整理出各领域相关技术热点。将技术热点提交专利机构进行查询。提交查询的技术热点涉及灾害影响与风险评估、气候变化预警等 22 个大类 182 个技术热点。共获取原始专利技术信息数据 6 万余条。原始专利技术数据包含"专题名称""申请号""申请日""发明名称""摘要""权利要求""公开号""公开日""公告号""授权公告日""申请人""国省""地址""发明人""专利代理机构""代理人""邮编""代理机构地址""审批历史""主分类号""分类号"等信息。

（2）信息筛选

对获取的专利技术信息按照如下原则进行筛选：去重。首先删除这些专利中重复的部分，对于一条专利出现在两种技术类型下的情况，将其归入关系最为密切的技术类型。剔除专利数据已超出保护期限或无效的专利。最终获取的有效数据为 12014 条。

（3）技术清单

对这些筛选后保留的专利技术，按照七大领域不同技术类型进行分类整理，形成适应气候变化技术清单（表 4-9）。通过对这些信息的全面了解，我们将所得数据划分为农业、林业、水资源、生态系统、海岸带、人体健康等六大领域，各领域下共 28 个一级技术类型和 68 个二级技术类型。

表 4-9 适应气候变化技术清单总表

领域	一级技术类型	二级技术类型	技术热点数目	有效专利数量		
				二级技术类型	一级技术类型	领域
农业	作物品种选育、改良、栽培技术	优质水稻品种选育及种植技术	5	168	672	4388
		优质小麦品种选育及种植技术		47		
		优质玉米品种选育及种植技术		67		
		耐盐碱棉花等优良品种选育种植技术		54		
		优良蔬菜瓜果品种选育及栽培技术		336		
	机械耕作设备技术	水稻直播机	6	57	1112	
		机耕船、插秧机		229		
		多功能平模制粒机		17		
		饲料膨化机		68		
		太阳能灌溉等大型灌溉设备技术		16		
		其他农用设备技术		725		
	节水旱作农业技术	灌溉技术	2	98	273	
		其他节水农业技术		175		
	环保施肥及精准施肥技术	环保施肥及精准施肥技术	1	23	23	
	农产品储存加工技术	薯类加工技术	1	84	84	
	天气气候技术	人工影响天气技术	1	55	55	
	农田监测评估技术	粮食种植面积遥感测量与估产技术	2	5	21	
		土壤墒情监测技术		16		
	作物病虫害防治技术	真菌杀虫（螨）剂的制备与田间应用配套技术	3	96	2148	
		防治农林害虫的微生物制剂		41		
		其他病虫害防治技术		2011		
林业	林业种植技术及可持续管理方法	林业种植技术及可持续管理方法	1	83	83	311
	森林火灾监测和预警技术	森林灭火系统	2	35	57	
		其他森林火灾监测预警技术		22		
	水利病虫害防治和预警技术	无公害粘虫胶及其应用技术	2	15	171	
		其他森林病虫害防治技术		156		

续表

领域	一级技术类型	二级技术类型	技术热点数目	有效专利数量		
				二级技术类型	一级技术类型	领域
水资源	雨洪资源化利用技术	雨水集蓄利用技术	2	316	363	4599
		低温膜蒸馏技术		47		
	海水淡化技术	海水或苦咸水淡化膜技术	2	11	168	
		反渗透与低温多效海水淡化技术		157		
	安全饮用水技术	水处理剂聚氯化铝、聚合硫酸铁	2	182	207	
		饮用水安全评价与保障技术		25		
	污水处理与回用技术	膜生物反应器应用技术	6	458	1432	
		生活污水处理一体化技术		90		
		复合流人工湿地净化污水技术		275		
		中水回用处理技术及设备		105		
		处理分散生活污水腐殖填料滤池工艺		172		
		高浓度有机废水处理		332		
	开发非传统水源技术	开发非传统水源技术	1	36	36	
	水环境监测、水资源安全技术	水环境监测技术	2	72	88	
		水资源安全技术		16		
	水利工程	橡胶坝技术	10	87	2266	
		跨流域调水技术		101		
		拦河坝或堰		642		
		露天水面的清理		260		
		排水灌溉沟渠		133		
		人工岛水上平台		245		
		人工水道		72		
		水力发电站		76		
		溪流、河道控制技术		592		
		其他水利工程技术		58		
	水位监测与旱涝灾害预警技术	冰川积雪融水监测、预警技术	2	5	39	
		旱涝监测与预警技术		34		

续表

领域	一级技术类型	二级技术类型	技术热点数目	有效专利数量		
				二级技术类型	一级技术类型	领域
生态系统	防风治沙技术	黏土沙障设置技术	3	2	114	464
		砂田种植技术		42		
		沙漠工程绿化技术		70		
	森林、草场、湿地保护与恢复技术	森林、草场、湿地保护与恢复技术	1	62	62	
		生态系统监测技术		89		
	生态系统监测技术、地质灾害监测与预警技术	自然灾害监测与预警技术	2	199	288	
海岸带	海防工程（应对海平面上升技术）	海防工程（应对海平面上升技术）	1	75	75	263
	海洋灾害监测与预警技术	海洋灾害监测与预警技术	1	42	42	
	海洋环境监测与保护技术	沿海滩涂保护技术	2	6	146	
		海洋环境监测技术		140		
人体健康	热浪预警与防护技术	热浪预警与防护技术	1	10	10	1990
	过敏、哮喘和呼吸道疾病防治技术	过敏、哮喘和呼吸道疾病防治技术	1	690	690	
	其他相关疾病预防治疗技术	疟疾、血吸虫病防治技术	3	51	1290	
		重组蛋白药物制备技术		121		
		水污染等导致的痢疾等感染防治技术		1118		

总体上看，水资源领域技术数量最多，达 4599 条，占比 38%。第二为农业领域，达 4388 条，占比超 36%。第三为人体健康领域，达 1990 条，占比超 16%。第四为生态系统领域，达 464 条，占比近 4%。第五为林业领域，仅 311 条，占比近 2.5%。数量最少的是海岸带领域的专利技术，仅 263 条，占比仅 2%。可见各领域应对气候变化专利技术研究差距较大。

农业领域应对气候变化的专利技术主要集中在作物品种选育、改良、栽培技术，机械耕作设备技术，作物病虫害防治技术等几个方面。其中，病虫害防治技术专利数量占比最大，在农业领域专利技术中占近 50%。而施肥技术、人工影响天气技术、农田监测评估技术数量较少。林业领域的专利技术主要集中在森林病虫害防治技术方面，占林业领域专利技术的50%以上。而林业种植技术、可持续管理方法及森林火灾监测和预警技术方面的专利技术均不到100条，这与该技术类型本身的内容属性有关，如森林的可持续管理主要是一种方式方法和理念的推广，涉及技术创新的部分较少，但也说明该领域技术研究存在一定不足，需要进一步加强。

水资源领域的专利技术主要集中在污水处理与回用技术和水利工程技术两方面。其中水利工程技术数量最多，达2266条，占水资源领域专利数量总数近50%。而海水淡化技术，安全饮用水技术，开发非传统水源技术，水环境监测、水资源安全技术，水位监测与旱涝灾害预警技术数量较少。

生态系统领域的专利技术主要集中在生态系统监测技术、地质灾害监测与预警技术上，这几个方面的专利技术占整个生态系统领域专利技术的50%以上。而与保护自然生态系统实践方面紧密相关的防风治沙技术、植被恢复与保护技术数量则相对较少。

海岸带领域应对气候变化专利技术总数仅为263条，在海平面监测与应对海平面上升技术，海洋灾害监测与预警技术和海洋环境监测与保护技术等三种一级技术类型上的专利都比较缺乏。

人体健康领域应对气候变化的专利技术主要集中在过敏、哮喘和呼吸道疾病防治技术及其他相关疾病的预防治疗技术上，主要包括疟疾、血吸虫病防治技术，重组蛋白药物制备技术，水污染等导致的痢疾等感染防治技术，其中又以水污染导致的痢疾等感染防治技术数目最多，达1118条。

4.2.3 适应气候变化技术优选

4.2.3.1 技术优选方法

适应气候变化技术的优选应在对若干措施的比较和评价的基础上来完成，在资源有限的情况下，适应技术优选要考虑多个目标之间的平衡（段居琦等，2014），并借助科学的方法和工具来完成（陈迎，2005）。适应评价对气候变化影响和脆弱性评价、适应规划和决策都具有重要意义，是适应气候变化的前沿研究和实践领域（Brown et al.，2011）。

2014年3月发布的IPCC第五次评估报告（AR5）《气候变化2014：影响、适应和脆弱性》第14章专门提出评估分析适应的需求与选择，同时指出，目前已有的适应评估多数仍限于影响、脆弱性和适应规划，而缺少对实施过程和实际适应行动与技术的评估。IPCC 评估报告对适应的认识是逐步发展的过程。前 3 次评估报告都是在给定情景下进行评估，主要采用自上而下的方法，按照界定问题、选择评估方法、方法检验、选择气候情景、评估影响、评估自发调整、评价适应战略的 7 步评估步骤进行，被称为第一代评估。第二代评估则以引入利益相关者和脆弱群体参与决策为特征，多采用参与式评估方法，通过引入利益相关者来避免不良适应。从评估方法逻辑上可区分为自上而下和自下而上的方法：自上而下的方法主要是结合专家选择的区域气候情景的降尺度模拟，自下而上的方法是通过评估特定部门或群体的气候变化影响、风险和脆弱性，从而做出适应选择（段居琦等，2014）。从所使用的具体工具上，可区分为利益相关者分析法、成本–效益分析法、SWOT 战略分析法等（Boyd and Hunt，2004；De Bruin et al.，2009；Fussel et al.，2009；Ogden and Innes，2009）。

由于适应气候变化形势的复杂性、多样性和方法路径的制度依赖性，在适应规划及其实施过程中并没有普遍使用的方法，目前学术界还不能提供强有力的适应决策框架和指南（段居琦等，2014）。但已有学者从不同角度开始了适应技术措施评价的探索。De Bruin 等（2009）基于利益相关者分析和专家判断对荷兰适应气候变化技术措施的成本和效益做了半定量评价，对不同领域的适应措施进行了排序，并指出，通过让地方利益相关者和专家参与国家适应战略的开发过程，可以填补自上而下和自下而上的适应方法之间的空白，能够使国家政府在分配稀缺资源时实现最优适应决策。UNFCCC 曾对其成员国以及其他机构所提交的 13 份报告进行分析，将其中涉及的适应措施评估方法和工具分为两类：一类适用于评估适应措施或者更广泛的适应战略，一类适用于气候变化对生物、自然和社会经济系统的影响评估，但所列举的方法都不能用于同时对不同部门或系统进行气候变化脆弱性以及适应战略的评估（殷永元和王桂新，2004）。Gambarelli 和 Goria（2004）结合案例数据和专家意见估算和比较了意大利不同适应技术的成本，但需要各项措施详细和完整的数据。郑秋红等（2014）对 AR5 中的中国引文进行的文献计量分析表明，我国在气候变化影响、适应和脆弱性领域的研究比自然科学基础领域要薄弱得多。目前的适应技术措施评价多为单一政策或措施的效果评价，缺少部门间适应技术措施之间的比较。

总的来看，适应技术措施评估研究的渐进发展过程体现了由科学驱动向政策驱动方向的转变，对适应行动的不同选择做出更全面的分析，注重和鼓励利益相关者的参与，从而更好地满足制定和实施适应技术措施的现实需要，是适应研究发展的主流方向（Funfgeld and MeEvoy，2011；Brown et al.，2011）。而适应技术措施评估的工具选择与所要进行的适应措施的比较层面密切相关，不同的层面适用不同的评估工具。

适应技术之间的比较和优选主要涉及两个层面：一个层面是同领域/类型的适应技术措施之间的比较（Deressa et al.，2009；张兵等，2011；Brown et al.，2012），如适应气候变化的农业结构调整方案，可以有不同的作物种植组合，这类比较涉及的利益相关者之间的利益冲突相对较少，一般可以由某一领域的专家通过技术层面上的计算和比较来完成。模型方法适用于这类比较，比如优化技术，在同一领域的诸多可选可行方案中择其优者。但在现实中，模型方法一般仅适用于所涉及的因素及其相互关系能够定量表示的情况，但往往无法反映人们的判断和经验起作用的决策因素，使得相当多的数学模型的最优解并未对应现实生活中的最优。并且，即使对于具体的可以采取实验方法比较的措施，如休牧禁牧和草畜平衡措施，也可能得出完全不同的结论。有些措施，如生态移民是否对草原环境改善有贡献，到目前为止还不是一个科学可以证明的问题（Ogden and Innes，2009）。另一个层面是不同领域/类型的适应措施之间的比较。如适应气候变化的产业结构调整和适应气候变化的移民工程之间的比较和选择，这类比较难度很大，很多学者也认为二者之间根本不存在可比性，但在制定适应策略的时候，特别是在资金有限的情况下，不同类型的适应措施之间的比较是不可避免的。这类适应措施比较所涉及的利益相关者常常更多，关系也更复杂，一般难以由某一领域的专家单独做出论断，需要组建由不同领域专家、决策者等构成的小组来共同决策。这类比较和优选所采用的模型方法通常为半定量方法，更强调人的思维判断在决策过程中的作用（De Bruin et al.，2009）。

4.2.3.2　技术优选案例

以青藏高原生态功能保护区适应气候变化技术优选为例（周景博等，2016），应用层次分析法对该区适应气候变化的若干措施进行评价和排序。主要关注各种不同类型的适应措施间的比较，这也更符合生态功能保护区适应气候变化所处的决策环境：很多可选的适应措施资金紧迫的问题等，这些都决定了这个层面的比较和选择难以用模型方法解决，而更多需要借助人的思维和经验的判断。

（1）优选对象

根据已有的或规划中的适应措施信息，以及实地调研和访谈中专家和各部门实际工作者和决策者的意见，适应技术措施分为两类：保障性措施和工程性措施。保障性措施主要指为提高适应能力或改善适应措施实施环境而采取的措施，这些措施一般不涉及实体工程的构筑，不直接牵涉大规模的物资和人口流动，可称之为软技术措施。工程性措施主要指为适应气候变化而采取的具体的建设项目，一般会形成固定的实体工程，或牵涉一定规模的人口流动，可称之为硬技术措施。技术的软还是硬无关措施的实际影响力。实际上，保障性技术措施尽管从短期看，涉及的物流、人流、资金流可能相对较少；但从长期来看，却正是左右这些流动大方向的关键。这一分类与 AR5 的适应技术分类相似，工程性措施主要对应于 AR5 的结构性适应措施（工程技术等），保障性措施则对应于 AR5 的社会性适应措施（教育信息等）和制度性适应措施（经济、法律法规、政策规划等）（IPCC，2014）。

每类措施包括 8 个具体措施，共计 16 个适应措施。保障性措施主要包括生态功能保护区适应气候变化机构建设，生态功能保护区气候变化宣传教育，适应气候变化政策和规划制定，生态功能保护区气候变化专项资金，各部门工作人员气候变化教育培训，产业结构调整规划和农牧民气候变化适应宣传、指导、培训。工程性适应措施主要包括生态监测站建设、水文站建设、退化草场网围栏封育工程、草地灌溉水利建设工程、人为沙化地带防沙工程、草地鼠害生物防治工程、移民工程和载畜量控制配套工程。

（2）优选标准和评价模型

根据评价标准和适应措施，构建层次分析模型如图 4-9 所示。目标层为适应措施选择，标准层包括有效性、紧迫性和可行性 3 个标准，方案层为 16 项适应措施。考虑到适应措施性质的差异以及问卷填答的方便，将适应措施分为保障性措施和工程性措施。

有效性，指适应措施的开展或实施对适应气候变化影响具有关键性的作用或较明显的效果，侧重于对适应措施实施效果的评价。

紧迫性，指急于立即开展切实的适应措施，侧重于时间维度上对适应措施的评价，紧迫性可以是源于需要立即应对的、已经发生的气候变化影响，也可以是源于长期适应措施需要尽早开始奠定基础。

可行性，指在目前经济技术条件下可以开展或实施的适应措施，侧重于经济技术维度上对适应措施的评价。

上述标准的设定并不是非常精确地对应于改善草甸、草原质量到何种程度或恢复湿地面积到何种数量的具体目标，也并未精准地设定是针对短期或中期或长期目标，事实上，各被比较措施也只有少数确定了具体的目标，多数仍停留在方向指引和项目设计的层面，也难于进行具体的比较。而在层次分析方法应用中，实际上也并不需要精确的比较，而只需在两两比较中做出优劣次序和优劣程度的判断。

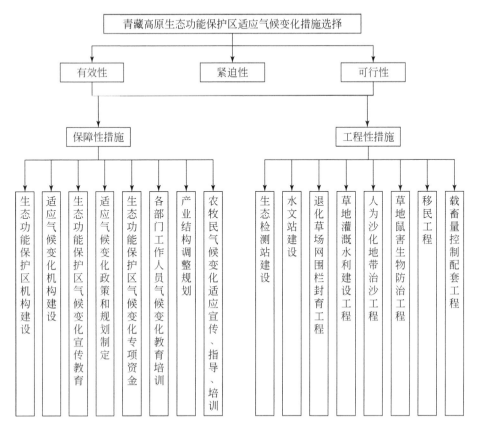

图4-9 青藏高原生态功能保护区适应气候变化措施评价模型

(3) 技术优先性排序

16个适应措施的优先性排序如图4-10所示。可以看到，生态功能保护区气候变化专项资金以绝对优势（权重0.147）独占鳌头，反映了生态功能保护区适应气候变化建设中对资金和资金机制的强烈需求。建立健全稳定的适应气候变化资金机制，是保障所有适应行动能够顺畅实施的最重要的措施。生态功能保护区多位于经济欠发达地区，靠地方财政筹措资金或农牧民自己投入资金来应对气候变化基本上是不可能的，主要还是依靠中央政府投入。但实际上市场资金也有流入的动力，不过缺少合适的入口。如果有专项资金机制，则一方面可以减少中央和地方政府的压力，另一方面也可有助于多渠道、多层次地筹措资金，不仅有利于生态功能保护区应对气候变化，也有利于当地经济社会的可持续发展。

第二是载畜量控制配套工程，说明通过控制载畜量来减少对生态环境的压力

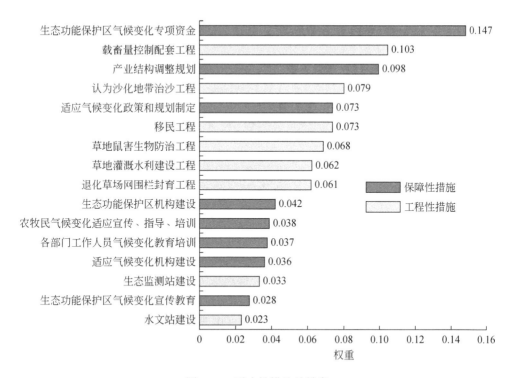

图 4-10　适应性措施总排序

被各方面所看重。载畜量控制配套工程是近年来各生态功能保护区及周边地区都已经开展起来的一项工程，工程实施效果良好，载畜量控制直接减少对生态系统的压力，对缓解气候变化的影响非常有效。

产业结构调整规划排在第三，这也是在调研中可以感受到的一个事实，各级部门都普遍认为适应气候变化要从调整经济活动着手，载畜量控制是直接的、短期可见效的措施，但长期来看，必须调整产业结构，使生产方式在质上发生变化。延续现在的产业结构，无论生产规模是保持不变还是缩小，对环境而言都已经超载，要维持和提高经济水平，唯一的方式是进行质的变革，调整结构，提高产业结构质量。

有 3 项适应措施垫底，依次是生态监测站建设、生态功能保护区气候变化宣传教育和水文站建设。生态监测站建设和水文站建设的主要目的和功能是积累生态环境信息和水文信息，从而建立其与气候变化的关系，为科研和决策提供数据基础，是基础性的工程建设，但其收益在长期才能看到，而且很难直接看到，而是会体现和被包含在其他适应措施的效果中。因此，其排名相对靠后，这一定程度上也体现了各级部门对基础科学研究的重要性还未有足够认识。宣传教育工作的排名普遍较靠后，但相对而言，对象明确的农牧民和各部门工作人员的宣传教育培训排名要靠前一些，而生态功能保护区气候变化宣传教育排名则靠后。

4.3　适应气候变化技术发展路线图制定

适应气候变化技术发展路线图是适应气候变化战略的实施方案，是在认识气候变化影响与风险，分析目前可用与适用技术的基础上，构建适用于不同领域适应气候变化的技术体系，规划实施过程与技术突破，并预期有限时段实现目标。适应气候变化技术发展路线图的构建遵循系统分析方法，具体步骤有：①限定问题，基于气候变化风险分析，诊断不同领域适应气候变化技术需要解决的主要问题；②确定目标，面向未来气候情景和科技发展需求，提出适应气候变化技术–集成–制度的阶段性目标；③调查研究，通过资料搜集、访谈调查，以梳理结论，厘清问题产生的根本原因；④可行方案，根据主要问题及阶段目标，有针对性地提出推进适应技术发展的备选方案，并从技术可行性和社会经济性等角度，集成各方意见，评估方案的综合效益，最终提出最可行方案。

以《中国应对气候变化国家方案》《国家适应气候变化战略》《国家适应气候变化战略 2035》《国家应对气候变化规划（2014—2020 年）》以及《国家中长期科学和技术发展规划纲要 2006—2020》为指导，针对不同阶段的问题导向与研发目标，提出"技术先导—综合集成—整体有序"的总体思路，全链条设计我国气候变化适应技术发展路线图及其一体化实施方案，遴选部分领域，剖析其近期气候变化适应技术发展的具体内容（中国 21 世纪议程管理中心，2017）。

4.3.1　分领域适应气候变化技术发展路线图

气候变化影响受体涵盖范围广泛，涉及自然生态系统与社会经系统的多个方面，如农业、陆地生态系统、水资源、人体健康、海岸带等领域。在遴选重点领域的基础上，按照不同领域总结各自适应气候变化针对的问题，并凝练适应技术措施以及这些措施的适用性，最后提出不同阶段技术发展目标，形成重点领域适应气候变化技术发展路线图（图 4-11）。

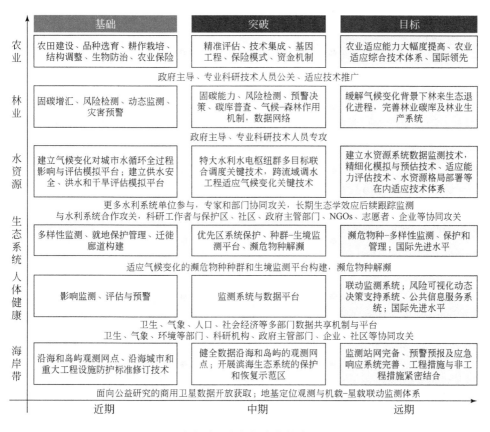

图 4-11　重点领域适应气候变化技术发展路线图

4.3.1.1　农业

（1）适应的问题

气候变化已经对全球粮食生产造成了影响，包括食物可利用性、食物可得性、食物系统稳定性等。温度、降水变化长期时间尺度上影响整个食物系统稳定性，而极端气候事件增加使食物生产系统安全状况进一步恶化。气候变化已经并将继续影响食物安全在产生、配给和使用各层次上的状况。

（2）适应技术措施

农田基本建设（水利、基础设施等）技术。加强水土保持、生态环境综合治理，增强农业系统应对气候变化的物质基础与适应能力。加强农业的社会化服务体系，提高农业的产业化水平。加快农业机械化与现代化进程。在经营管理层面上建立适应气候变化的响应机制。

作物抗逆（抗旱、耐涝、耐高温、抗病虫等）品种选育。按照预先的设计对生物或生物的成分进行改造和利用的技术，使之适应气候变化及其影响，主要包含遗传育种技术（杂交育种、突变育种、转基因育种、分子标记等）、细胞工程技术与组织培养技术等（黎裕等，2010；汪勖清和刘录祥，2008；张东旭等，2011）。从基因、细胞层面，挖掘并调整作物适应气候变化能力，是作物应对气候变化的关键技术。

农业病虫害防治与自然灾害应对。针对病虫害问题，通过生物技术或传统的育种技术增加寄主植物对病虫害的抗性，在监测预警的基础上，使用杀虫剂、杀菌剂和除草剂处理来防治作物病虫草害（钱凤魁等，2014）。由于气候变化，以往相对较弱的灾害出现了强势影响特征，如倒春寒、低温冷害、高温等，因而需要提高气象灾害监测预报准确度和灾害预警时效性，发展自然灾害风险管理机制。

农业种植结构调整技术。针对气候变化所带来的影响，对一个地区或生产单位作物种植的品种、布局、配置、熟制进行调整，使之与气候变化相适应（蔡运龙，1996）。包含作物种植的时空分布、种类、比例、一个地区或田间内的安排、一年中种植的次数和先后顺序等方面，如华北冬小麦–夏玉米套改平、长江中下游双季稻改制、东北水稻玉米扩种。运用农作物生产的技术与原理，通过调节作物群体或个体以增强对气候变化的适应能力，分为应变播种技术（抗旱播种、防涝播种、适时播种等）、应变耕作技术（覆盖抗旱技术、耕作保墒技术、抗涝耕作技术等）、应变栽培技术（土壤结构改良技术、管灌、喷灌、滴灌等节水灌溉技术、以肥调水技术、肥料保持及防淋失技术等）、灾后补救技术等。

农业适应气候变化风险分担补偿技术。可以将农业适应气候变化风险分担补偿技术划分为农作物保险与收获期农作物保险（李文平，1996）。农作物保险以稻、麦等粮食作物和棉花、烟叶等经济作物为对象，是以各种作物在生长期间因自然灾害或意外事故使收获量价值或生产费用遭受损失为承保责任的保险；收获期农作物保险以粮食作物或经济作物收割后的初级农产品价值为承保对象，即作物处于晾晒、脱粒、烘烤等初级加工阶段时的一种短期保险。

（3）适应技术适用性

农田基本建设（水利、基础设施等）技术、作物抗逆（抗旱、耐涝、耐高温、抗病虫等）品种选育技术、作物应变耕作栽培技术、农业种植结构调整技术、作物病虫害防治与自然灾害应对技术、农业适应气候变化风险分担补偿技术等从农田基本建设、品种、农艺、种植结构、病虫害、保险六个方面阐释了农业适应气候变化的关键技术，可以适用于农业生产所覆盖的大多数区域对于农业适应气候变化，某类单一技术并不能起到很好的适应效果，在适应过程中往往需要对多类适应关键技术进行有机组合形成综合适应技术体系。气候变化影响下，我国不同区域的农业气候资源、农业气象灾害、病虫害等都在发生变化，针对不同区域的气候变化对农业影响风险，优化筛选并组装形成区域性不同作物适应气候变化技术体系，是农业领域适应气候变化的有效途径。从气候变化所带来的平均趋势与极端气候事件角度来看，为适应气候变化引起的农业气候资源变化，适宜采用农田基本建设（水利、基础设施等）技术、农业种植结构调整技术与作物应变耕作栽培技术；为适应气候变化引起的极端气候事件（农业气象灾害、病虫害等）变化，适宜采用农田基本建设（水利、基础设施等）技术、作物抗逆（抗旱、耐涝、耐高温、抗病虫等）品种选育技术、作物应变耕作栽培技术、作物病虫害防治技术与农业适应气候变化风险分担补偿技术。

（4）阶段目标与任务

近期：加强农田基本建设，提高区域农业抗旱排涝能力、水资源利用率以及农业抗御各种自然灾害的能力；加快推进作物抗逆品种选育技术研发及应用；通过对现有不同作物的耕作栽培技术进行有针对性的改良，使之适应气候变化所带来的影响新特征；在已有不同作物病虫害防治技术基础上，针对气候变化影响，进行防治技术适应性改良与创新；加快农业适应气候变化保险技术推广，重点发展政策性农业保险，建立农业种植结构调整示范基地，探索农业种植结构调整新模式。

中远期：建立比较完备的农业适应气候变化的法规政策体系，形成多部门参与的决策协调机制和全社会广泛参与适应气候变化的行动机制；建立完善的农业适应资金筹集和管理体制，带动政府、企业、组织、个人等参与到适应资金的建设中；将农业适应气候变化与乡村振兴相结合，利用气候变化产生的有利条件推动农业发展（中国 21 世纪议程管理中心，2017）。

4.3.1.2 陆地生态系统

（1）适应的问题

陆地自然生态系统是陆地生物与所处环境相互作用构成的统一体，主要包括森林、草原、湿地等。生态系统服务与生物多样性是社会经济发展的基础。研究表明，气候变化将通过影响生态系统的结构从而改变其服务功能。气温升高、降水变化、气候波动增强、极端气候事件频发等影响着生态系统的生物多样性与生物地球化学循环过程，对生态系统的供给、支持、调节、文化功能均造成重大威胁，进而制约经济社会可持续发展。

（2）适应技术措施

A. 森林

气候变化对森林生态系统影响与风险检测技术。发展土、水、气、生物系统化的观测系统，完善并细化生态站通量观测的指标，建立森林生态系统各要素对气候变化响应的定位连续观测技术。开发气候变化对森林影响评估系统，研究森林生态系统与气候相互作用，辨识气候变化对森林生态系统多功能的协同效应。开发气候变化对森林影响的分离技术、气候变化对重点林业工程建设的影响评价技术、气候变化对森林生态系统多样性和稳定性影响的阈值检测技术。

森林生态系统自适应性保护技术。辨识各类森林群落自然演替机制、森林变化和物种竞争对气候系统的反馈机制，构建森林生态系统自适应保护技术体系。集成群落结构优化技术，构建适应性高且抗逆性强的人工林生态系统，建立对森林适应种、脆弱种、濒危种的监察、保护与迁移技术体系。

森林灾害的预警和防治技术。建设高精度森林灾害影响要素动态数据库，开发森林林火和病虫害等灾害的快速评估及预警决策支持平台，集成森林灾害综合防控技术，控制灾害影响范围和程度。开发森林有害生物对气候变化的敏感性辨识技术，建立对气候变化敏感的有害迁入种检测及防治技术体系。

森林生态系统固碳增汇与减排经营技术。构建典型森林生态系统的碳库及碳汇能力评估技术体系、迅速固碳和高度固碳品种的选育和应用推广技术。发展碳汇、碳税计量技术，建立增汇管理技术体系和森林碳交易系统平台。完善碳储量及碳汇预测模型，尤其是土壤碳的动态计量与预测技术、高碳汇潜力森林保护与低产低效林改造技术、森林减排的经营技术、造林活动导致的温室气体减排技术。

B. 草原

草原生态系统气候变化影响综合评估技术。以长期定位研究数据、空间调查数据、全国网格化气象数据、草原畜牧业生产经济数据和遥感影像数据为基础，结合 GIS 技术、大数据技术、物联网技术等，研发植被生态系统遥感数据同化系统、植被生产参数的时空变化检测与分析技术、草原气候变化敏感性评价技术、草原极端气候风险评价及预警技术，并在草原不同地区进行应用和推广面向干旱的栽培草地节水改良技术。栽培草地节水改良技术主要用于解决干旱对牧草栽培的限制作用（程荣香和张瑞强，2000）。利用农业喷灌、滴灌技术，结合对不同牧草品种的生产力动态和水分生态环境效应分析，研发土壤水分检测及优化技术、人工牧草高效节水灌溉系统优化技术。建立栽培草地节水改良示范区并进行广泛应用和推广，形成数字化牧草栽培节水体系。

草牧业生态经济系统适应性管理技术。以草原共管与公众参与为手段，通过参与式行动性研究与实践途径，对草原经营权进行分配，建立草原社区管理模式示范区、草原共管模式示范区，并在草原区域试行推广，从适应性管理技术层面解决草地低碳排放–高生产力管理的技术瓶颈，显著提高草地生产效率。

草地生态系统固碳增汇技术。结合空间技术、全球温室气体监测的卫星系统，研发草原碳源汇遥感综合监测技术，建立天地一体化草原温室气体立体监测系统与碳汇计量和决策支持系统，研发草原生态系统碳储量估算模型、草地生态系统固碳潜力模型；通过设计实验深入研究草地土壤改良、人工种草、围封草场、适度放牧和鼠虫害治理等技术对草地生态系统固碳增汇的促进作用，并通过核心技术转化形成技术规范，在草原地区进行推广和应用。

C. 湿地

健康湿地技术体系。通过维持和提高湿地的生态完整性，保护和恢复湿地健康，从根本上提高湿地对气候变化的适应性，包括濒危水鸟人工巢适应技术、种质资源恢复重建技术、入侵种去除技术、微生境构造技术、人工食物网抚育技术等。重点是维持生物多样性、生态系统完整性。

负碳湿地技术体系。通过增汇减排措施，实现湿地碳的零排放和净吸收，包括泥炭地碳封存技术、甲烷减排技术、水分管理技术、养分管理技术等（段晓男等，2008）。

节水湿地技术体系。旨在开源节流，通过技术集成，提高外供水资源利用效率，减少内部水资源损耗，增强湿地抵御极端旱、涝能力，包括冰雪融水资源化技术、雨洪资源化技术、错时节水技术、沟渠集水回归湿地技术、湿地降低蒸散发技术、区内湿地水力连通技术、多源–多向调水技术等。

水陆交互生态复合资源利用技术体系。本技术体系通过生境改良、抵御极端天气农产品的育种和栽培、水土优化配置等达到湿地稳产的目标，包括湿地合理布局技术、湿地地貌修饰技术、湿地水文调控技术、湿地复合生态农业技术、湿地立体养殖技术等。

基于生态系统的适应（ecosystem-based-adaptation，EBA）湿地管理技术体系。将 EBA 概念应用到湿地气候变化适应领域（李晓炜等，2014），重点是湿地适应气候变化立法、湿地适应气候变化战略、湿地适应气候变化规划、湿地气候变化风险评估技术、湿地生态补偿技术、面向气候变化的城市湿地规划技术等，形成相应的管理技术手册行业规范、法律法规。

（3） 适应技术适用性

A. 森林

在典型森林类型分布核心区重点加强森林生态系统固碳增汇与减排经营技术、森林生态系统定位观测技术、森林生态系统响应气候变化评估技术等。森林灾害的动态监测、预警和防治技术主要适用于灾害多发区域，需针对不同地区灾害特点有针对性地进行灾害防治。在自然地理区的过渡区和未来气候变化引起植被迁移的过渡区域内增加自然保护区，加强对森林生态系统多样性和稳定性的保护技术以提高适应性。

针对生态脆弱区如矿区和气候变化显著区如干旱化区，发展森林的保护与修复技术。对新造人工林生态系统，重点发展固碳增汇技术、生长季洪旱等多发灾害的应对技术。重点林业生态工程项目重点考虑碳汇计量技术、森林生态系统固碳增汇技术等。加大对生态区位重要、生态系统脆弱地区的森林自适应保护技术开发与示范推广（中国 21 世纪议程管理中心，2017）。

B. 草原

栽培草地节水改良技术主要用于解决干旱对牧草栽培的限制作用问题。该技术主要适用于水分条件相对较好的人工牧草种植区，如东北草原区、内蒙古呼伦贝尔草原区。牧草品种优选、培育技术根据不同人工草地种植区特定的水热条件，因地制宜地选择该区适宜种植的牧草。

草牧业生态经济系统适应性管理技术适用于基础设施条件较为完善的地区，草原区国有农牧场将是重要技术应用单位。放牧控制实验平台适用于畜牧业生态经济管理制度制定的研发环节，数字化牧场技术应用于解决草原草-畜生态平衡、草地低碳排放-高生产力管理等关键领域。

草地生态系统固碳增汇技术适用于草原产业结构调整、畜牧业节能减排以及碳贸易等方面。不同草地增汇固碳技术在区域适用性上具有一定的差异性。例如，草地改良技术主要适用于土层较厚的牧区或农牧交错带，而围封草场技术主要适用于过度放牧区或草原植被覆盖较少的区域。

C. 湿地

禁止开发区湿地：以生物多样性保护为首要目标，兼顾水文调蓄和有机碳固定功能，适宜采用健康湿地技术体系、负碳湿地技术体系和 EBA 湿地管理技术体系。

优化和重点开发区湿地：以人工湿地为主，包括城市湿地等，以水文调节、景观和旅游休憩为首要目标，兼顾生物多样性保护功能，适宜采用投入较高、规模较小的工程技术如健康湿地技术体系、负碳湿地技术体系、节水湿地技术体系和 EBA 湿地管理技术体系。

限制开发区湿地：以农业湿地为主，包括水稻田、水产品养殖场、库塘、水渠等，以农业生产为首要目标，兼顾生物多样性和水文调节功能，适宜采用低成本可大面积推广的技术，如健康湿地技术体系、节水湿地技术体系和水陆交互生态复合资源利用技术体系。

（4）阶段目标与任务

A. 森林

近期：加强森林生态系统与气象灾害监测网络规划和建设，开发森林灾害预警平台系统，研发森林灾害防控技术，加强主要造林树种种质资源的调查和保护，培育适应性好、抗逆性强的人工林树种。加大林业生态工程的建设力度；开展各类森林适应气候变化的间伐和轮伐期经营技术试点示范建设。

中远期：加强林木良种基地建设和良种苗太培育，提高人工林良种使用率；继续发展森林固碳和减排经营技术，加强和改进森林资源采伐管理，确保稳定高效地发挥公益林的生态效益；建成完整的物种自然保护网络，提高自然保护体系的保护效率；提高各种人工林生态系统的适应性；加强自然保护区建设和生物多样性保护。

B. 草原

近期：加大草地改良技术的应用和推广力度，结合牧草栽培节水改良技术加强人工草地建设，研发牧场基础数据自动采集系统、牧场经营管理决策支持系统以及实时牧场视频监控系统，建立并完善数字牧场控制实验平台。

中远期：推进人工牧草栽培节水改良系统的优化力度，通过数字牧场控制实验平台的科研成果研发草牧业生态经济系统适应性管理技术，通过核心技术转化成为草牧业生态经济管理示范区，并进行大范围的应用及推广。

C. 湿地

近期：发展全国尺度气候变化对湿地生态系统综合影响识别技术、河湖湿地连通技术、冰雪融水资源化技术、沟渠集水净化技术、节水湿地技术、湿地种质资源恢复技术、应对气候变化的湿地生态补偿技术和面向气候变化的城市湿地规划设计技术。

中远期：发展多源–多向调水技术、湿地农产品抗旱涝技术、开展湿地适应气候变化重点生态工程规划，重点城市、重点区域湿地适应气候变化规划。突破湿地关键种群抵御极端天气技术等。

4.3.1.3 水资源

(1) 适应的问题

水资源系统非常复杂，同时也对气候变化十分敏感，水资源及需水的时空分布均受到气候变化的直接影响，以往的气候变化与水资源的研究重点在气候变化对水资源的影响，特别是对自然水循环过程的影响，缺乏气候变化对社会水循环系统影响、水循环系统对气候变化适应能力与适应途径方面的研究，难以支撑水资源系统适应气候变化的实践需求。

(2) 适应技术措施

气候变化对水资源系统影响评估技术。对江河源区、重点内陆河流域等气候变化敏感区，构建基于定点观测、遥感监测、统计调查等在内的基础数据监测网络；开展气候与植被变化等对流域水文循环过程、旱涝形成及演变过程、需水过程等的影响机理研究；将自然水循环与社会水循环进行系统耦合，重点突破气候变化对城市水循环影响模拟、气候变化对需水过程影响模拟，建立气候变化下水资源系统精细化模拟模型；建立气候变化对多尺度水资源影响评价及其不确定性评估技术体系。

水资源系统对气候变化适应能力评估技术。在气候变化对水资源系统影响和风险分析的基础上，建立水资源系统气候变化适应能力评估的技术框架。针对洪水、干旱和供水安全三类主要问题，建立气候变化适应能力的评估技术，集成建立水资源系统对气候变化适应能力评估技术体系。

面向气候变化适应的流域/区域水资源配置与水利设计技术。在综合考虑气候变化对水资源量的时空分布、需水过程时空分布影响的基础上，将提高水资源系统适应气候变化能力作为水资源配置的一个优化目标，完善气候友好的水资源配置理论与技术、大型水库群汛限水位设计技术、气候变化下水库群旱限水位设计技术、复杂水网系统优化调度技术、城市群水源优化配置与调度技术等。

气候变化驱动下水–能系统响应与适应性利用。分析极端气候条件下能源和水的响应特征，针对典型研究区定量评估主要气候事件驱动下水–能系统的综合响应；结合气候变化驱动下（常态和极端）的水–能系统响应，提出能源系统、水电系统和水利设施工程规划与运行的适应性措施（中国 21 世纪议程管理中心，2017）。

(3) 适应技术适用性

气候变化对水资源系统影响评估技术。数据监测技术适用于观测数据严重不足的江河源区、中小河流上中游山区地区、内陆河流域等，气候影响机理研究技术适用于实验室或小流域尺度，精细化水资源模拟适用于我国人类活动强度最为显著的特大城市和城市群及大江大河中下游地区。

水资源系统对气候变化适应能力评估技术。主要适用于气候变化下供水安全评估、防洪安全评估、干旱风险评估等三个主要领域，其中供水安全主要针对水源开发利用程度过高的华北平原及干旱半干旱的西北内陆河地区等，防洪安全评估主要适用于大江大河中下游两岸易洪易涝区、山洪高发区、内涝高发的大中型城市等。干旱风险评估主要适用于干旱半干旱地区。

面向气候变化适应的流域/区域水资源配置与水利设计技术。水资源配置技术主要适用于水资源开发利用程度较高的西北内陆河流域、海河流域、黄河中下游地区；南水北调、引汉济渭等大型调水工程受水区；严重缺水的大中型城市或城市群，如京津冀地区等。水利设计与调度技术主要针对水库、堤防等工程的设计环节和工程调度运行环节，适用于受气候变化影响较为敏感的水利工程的设计规范和调度运行规则的调整。

气候变化驱动下水–能系统响应与适应性利用。该技术主要针对水与能源系统，包括水电开发、缺水地区水资源与高耗水化石能源的开发利用、产业节水与节能协调等领域。

（4）阶段目标与任务

近期：需要建立相对完善的实验、监测系统，为气候变化适应研究提供必要的机理与数据，需要建立气候变化对城市水循环全过程影响与预估模拟平台，以供水安全、洪水和干旱为主，建立气候变化适应能力评估模拟平台。初步实现数据基础、影响与预估和适应能力评估的完整技术体系。

中远期：需进一步完善机理与数据基础，形成较为完善的数据监测平台，实现数据采集、发布的规范化和标准化，集成水资源系统对气候变化适应能力评估技术，建立包括气候变化下水资源系统数据监测技术、精细化模拟与预估技术、适应能力评估技术、规划设计技术等在内的水资源系统适应气候变化技术体系。

4.3.1.4　人体健康

（1）适应的问题

气候变化从多个方面直接和间接地影响人类健康及其生存环境（周晓农，2010）。直接影响主要包括日益增加的气候灾害导致的死亡和灾后传染病，与气温变化有关的热、冷导致的发病和死亡；间接影响更为复杂，包括气候变化引起的媒介传染病（疟疾、登革热、血吸虫病等）的区域和季节扩散；大规模温室气体排放和气候变化引起的高纬度地区臭氧层耗散和臭氧暴露的健康风险、气候变化与空气污染的耦合健康效应；气候变化、气候灾害和水资源缺乏背景下水体中污染物的超额暴露；极端气候事件和气象灾害对医疗体系以及水、食物和居住场所的破坏等。

（2）适应技术措施

高温热浪健康风险预警技术。根据每日气象数据和环境污染物数据，确定心脑血管疾病、呼吸系统疾病、儿童呼吸系统疾病、中暑等疾病的风险指数及健康风险综合指数，划分风险等级，进行风险预警，制订相应的防控措施，并通过多信息渠道及时向公众发布预警信息（汪庆庆等，2014）。

极端天气气候事件与人体健康监测预警技术。建立极端天气气候事件监测网络以加强对高温热浪、低温寒潮、灰霾、洪涝、干旱、风暴等极端气候事件的预报能力。整合并加强全国现有气象和健康监测能力建设，拓展监测内容，建成国家级极端天气气候事件与健康监测网络，实时进行监测评估，编制和修订应对极端天气气候事件的卫生应急预案，建立应急物资储备库。

人群健康对气候变化脆弱性评估技术。综合考虑区域的气候变化特征、极端天气事件发生的概率（如热浪、寒潮、灰霾、洪涝灾害、干旱、风暴等）、不同疾病流行状况、人群的敏感程度（年龄、性别、职业、收入、教育、健康状况、居住环境等）及适应能力（经济发展水平、公共服务水平、卫生条件、防灾减灾设施等），构建脆弱性评估指标体系（朱琦，2012），建立我国气候变化与健康脆弱性可视化动态决策支持系统，进行气候健康脆弱性等级划分与区划。

媒介传染病监测与防控技术。构建基于泛在网络的全方位、多层次、深入快捷的传染病疫情信息立体获取途径，与传染病网络直报系统互补，提高传染病疫情的预测预警及防控能力；采取致病媒介监控、媒介孳生环境改造、阻隔媒介扩散和灭杀等措施，构建感染筛查、病原体检测、疾病预防和诊治为一体的防控技术体系。

（3）适应技术适用性

高温热浪健康风险预警技术主要适用于我国热岛效应明显的城市区域，将减少热浪对人群心脑血管、中暑等相关疾病的负面影响，并提升公共卫生部门、社区、个人应对热浪的能力。极端天气气候事件与人体健康监测预警技术适用于我国各地区，根据不同区域极端天气气候事件发生的强度和频率及其对人群健康影响的特点，确定各地区监测的重点指标。人群健康对气候变化脆弱性评估技术适用于我国各地区，重点是识别各个区域气候变化敏感性疾病类型及脆弱人群与分布特征，提高社区和人群适应气候变化相关健康风险的能力。媒介传染病监测与防控技术适用于媒介传染病的主要流行区域，重点确定气候变化对主要传染病分布范围和流行强度的影响；在完善现有传染病网络直报系统基础上，融合大数据技术，提升传染病疫情的预测预警能力。

（4）阶段目标与任务

近期：初步建成国家级极端天气气候事件与健康监测网络，开展气候变化对人类健康影响的监测预警技术研发，以高温热浪、低温寒潮、灰霾、洪涝、干旱、风暴等为重点，建立预测、监测、应对、快速响应为一体的预警预报系统，并及时发布预测、预警报告，建立相关机制，以应对可能出现的由气候变化引起的突发公共安全问题。选择极端事件和气候敏感性疾病频发的典型区域，研发气候变化与健康脆弱性的综合评估模型及脆弱性分区技术。

中远期：建立我国气候变化与人体健康风险可视化动态决策支持系统和公共信息服务系统，在部门和社区推广应用。建立健全气候变化对人体健康危害的应急预案，提高抵御风险和应急处置突发卫生事件的能力。针对不同区域气候变化健康脆弱性特征，制定政府、社区和个人不同层次适应气候变化的策略和措施，建立示范区，进行适应效果分析（中国 21 世纪议程管理中心，2017）。

4.3.1.5 海岸带

（1）适应的问题

气候变化加剧了热带风暴的频次和强度，加上中国沿海海平面的快速上升，使中国沿海强热带风暴造成的经济损失加剧。1989～2008 年，风暴灾害频次增加，造成的损失也在波动增加，随着经济的快速发展，同样强度的热带风暴所造成的经济损失会更大（谢丽和张振克，2010）。海平面上升，对海岸带的环境和生态也有重要影响，表现在洪涝威胁加大、海岸侵蚀加重、海水入侵、土壤盐渍化、咸潮入侵加重、滨海湿地生态系统退化等方面（杨耀中等，2014）。

（2）适应技术措施

海岸带环境的监测技术和灾害预警技术。构建完善的观测体系，基于航空遥感遥测等手段，提高应对海平面变化的监测技术。建立主要江河中下游感潮河段潮汐与河口相互作用数学模型，完善风暴潮及其影响数学模拟技术，加强沿海潮灾预警技术开发和预警产品的制作与分发，建立较为完善的沿海潮灾预警和应急系统，提高海洋灾害预警能力。

沿海城市和重大工程设施的防护标准修订技术。针对海平面上升和风暴潮变化的影响，在沿海地区全面普查防洪和防风暴潮的能力，提出海平面上升背景下沿海地区海堤设计标准和技术要求，修订海堤设计技术规范，全面提高海岸防护设施的防范标准；全面推行沿海地区防台风、防风暴潮基础设施建设。

陆地河流与水库调水相结合技术体系。加强取水口防潮能力建设，必要时调整取水口，提出陆地河流与水库调水相结合的技术体系，压咸补淡，防止咸潮上溯。控制沿海地区地下水超采和地面沉降，对已出现地下水漏斗和地面沉降区进行人工回灌，保障沿海地区水源地的安全。

考虑海平面上升的海域规划技术。制定海岸带海洋开发利用和治理保护的总体规划和功能区划，考虑海平面上升情势，对已有的海岸带和海洋规划进行适当调整，以适应气候变化的需求。加强海洋生态系统的保护和恢复技术研发与示范，提高近海珊瑚礁生态系统以及沿海湿地的保护和恢复能力，降低海岸带生态系统的脆弱性，提高滨海及沿海地区生物多样性，保障生态安全。

（3）适应技术适用性

东部沿海已经逐步建立了关于海平面上升的站网和风暴潮预报预警系统，根据社会经济发展需要，考虑影响的脆弱区，可以补增一些观测站点，形成较为完善的观测网络，科技的进步也将使得预报预警能力得到逐步提升（李永平等，2009）。海岸防护工程是防浪防潮的重要工程措施，目前全国已经修建了不同保证率的海堤工程，综合考虑海平面上升的影响，提出海堤设计标准修订方案，进行海堤工程的达标建设是保障沿海地区防洪安全的重要途径。目前国家已经制定了海岸带海洋开发利用和治理保护的总体规划和功能区划，考虑海平面上升情势，对已有的海岸带和海洋规划进行适当调整，是区域及地方满足适应气候变化的需求。

（4）阶段目标与任务

近期：建设相对完善的沿海和岛屿观测网点，强化海洋及海岸带环境的监测技术和灾害的预警技术、沿海城市和重大工程设施的防护标准修订技术，完善风暴潮及其影响数学模拟技术，在沿海地区全面普查防洪和防风暴潮的能力和海平面上升对沿海地区水源地影响。提高对海洋环境的航空遥感、遥测能力，应对海平面变化的监视监测能力与海洋灾害预警能力。

中远期：提出考虑海平面上升的海域规划技术、陆地河流与水库调水相结合的技术，形成较为健全的数据沿海和岛屿的观测网点，修订海堤设计技术规范，制定海岸带海洋开发利用和治理保护的总体规划和功能区划，开展滨海生态系统的保护和恢复示范区建设。最终形成以监测站网完备、预警预报及应急响应系统完善、工程措施与非工程措施密切结合的适应气候变化技术体系（中国 21 世纪议程管理中心，2017）。

4.3.2 总体适应气候变化技术发展路线图

为了应对观察到的和未来的气候变化，目前采取的适应气候变化措施是不够的。适应气候变化的障碍、约束、成本和其他限制尚未得到充分认识（Field et al.，2014）。适应气候变化面临的最大挑战是，大多数国家或部门采取适应行动，试图维护自己的国家、区域或部门利益。随着世界各国之间的互动越来越多，当地事件可能会产生全球性影响（Liu et al.，2015）。一个地区的适应活动可能会扰乱另一个地区，跨区域和领域的适应气候变化问题日益突出。因此，迫切需要建立一个协调一致的适应气候变化系统。必须寻求不同地区之间的联合行动和协调合作，以构建适应气候变化的总体框架。有必要在全球范围内开展科学研究，并为有序适应设计路线图（Ye and Yan，2009）。国家层面气候变化的适应措施还很有限，虽然适应正在融入某些规划过程，但仍存在着阻碍、限制和成本等问题。更为重要的是，整体上缺乏系统性、阶段性的统筹安排，尤其缺失适应实施途径的设计。应构建一个科学技术、综合集成和社会经济协调一致的气候变化适应综合路线图，使人类社会能够长期适应气候变化，保障社会经济的可持续发展。

因此，基于分领域的适应气候变化技术路线，基于对气候变化风险重要性的认识，综合考虑了科技、政策、制度等适应气候变化发展过程中的重要决策因素，形成了包含"技术先导—综合集成—整体有序"三个阶段的总体技术发展路线图（中国 21 世纪议程管理中心，2017）。第一阶段从科学和技术开始，这是优先领域，包括现有适应技术的清单、新适应技术的开发和适用性分析，以及这些技术在关键地区和部门的示范。第二阶段是合作，包括区域和部门协调与协作。主要目标应该是在基于跨部门合作和区域协调行动的综合计划的指导下执行适应措施。第三阶段是整合，在这一阶段，综合有序适应的实施进程应成为常规，重点开展对全球适应要求的持续盘点以及相关体制结构、政策和市场机制的改进（图 4-12）。

4.3.2.1 技术先导

科学技术能够为系统地适应气候变化提供基础，包括科学研究有助于识别和评估气候变化的负面影响，具体适应技术在解决气候变化造成的问题方面取得了成效。然而，科学和技术研究仍远远不能满足适应气候变化未来发展的要求。

（1）识别和评估适应的对象

适应的对象是气候变化带来的影响和潜在的风险，确定气候变化的主要影响

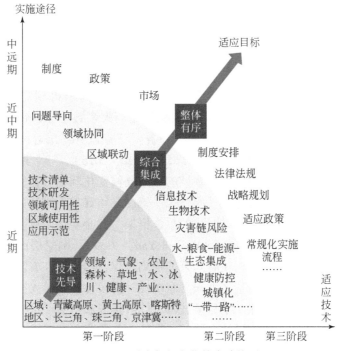

图 4-12　适应气候变化技术路线图

和评估风险是进行适应的前提。不同区域和领域所涉及的风险不同，需要加强对于气候影响和风险的评估和分析。应开发和应用适应对象识别和评估技术，这些技术具体包括人工影响天气技术、极端事件演变预估及早期预警技术、气候变化风险评估模型和技术体系等。

（2）利用现有技术并开发新技术

一方面，某些现有技术可以用于适应气候变化，但是需要就其具体应用可能进行挖掘和梳理。建议首先应该建立重点领域（农业、森林、草地、水资源、人体健康等）和区域适应气候变化技术清单，并对这些技术进行领域可行性、区域适用性分析，明确技术应用的有效性。此外，根据不同部门和地区的实际问题，应开发可行的新技术，特别是生物技术和信息技术等领域的高新技术。

这方面的成功适应技术的例子已经有很多（Littell et al., 2012；Challinor et al., 2014）。例如，青藏铁路位于青藏高原，是世界上海拔最高的铁路，也是冻土上最长的铁路。气候变暖已经诱发并将诱发冻土不稳定，仅在 1996～2004 年，青藏铁路沿线的冻土活动层厚度就增加了 46cm。铁路建筑技术降低青藏铁路路基结构的含水量和温度已由工程实施机构开发，以确保即使全球变暖导致冻土长期解冻，确保铁路的安全（Lai et al., 2015）。

（3）应用和示范适应技术

根据关键部门和区域不同的影响和风险，制定具体的适应气候变化技术应用示范方案，建立适应气候变化试点和示范基地，将筛选和研发的技术应用于实践和示范。建议特别关注生态脆弱区（如黄土高原、青藏高原、西南喀斯特地区）的基于生态系统适应的管理技术体系，气候干旱区的水资源配置技术、抗逆品种选育技术等，大河三角洲的灾害监测、设施防护、生态保护与恢复技术，最不发达地区极端事件风险评价、预警、管理技术体系。

4.3.2.2 综合集成

（1）解决跨部门、跨地区的问题

气候变化的影响与风险呈现跨领域或跨区域的特征，因而适应气候变化是一项跨部门和跨区域的挑战，需要多部门和多利益攸关方的参与和承诺（Shi et al., 2016）。例如，IPCC 第五次气候变化评估报告指出气候变化对农业和水资源的影响之间有密切关系，而要解决水资源的问题，又可能涉及自然生态系统的水源涵养服务；与气候有关的危害通过影响生计、减少农作物产量或毁坏民宅等方式直接影响贫困人口的生活，并通过诸如粮食价格上涨和粮食安全风险增加等间接影响其福祉（高信度）。单一部门或区域的适应气候变化解决方案永远无法解决全球问题。适应气候变化应解决这些跨部门和跨区域的问题，以建立自然、社会和经济之间的联系，并促进关键领域与敏感区域适应气候变化技术综合集成。

（2）考虑不同领域之间的联系

适应气候变化问题涉及资源环境与社会经济系统的多个领域，具有综合性的特点，许多问题的解决办法需要涉及多个部门及其合作。例如，考虑到自然资源供给、生态环境安全对社会经济可持续发展的支撑作用以及气候变化的外在胁迫，有必要研究气候变化驱动下综合环境承载力的评估和优化。此外，考虑到气候变化对自然资源和环境的影响会传递到社会经济系统，并且由于不同社会经济产业之间存在复杂反馈机制，需要促进在水–粮食–能源–生态等多系统的耦合研发与示范。建议进一步深化气候变化、生态环境和社会经济动态之间的反馈机制研究，以支撑气候变化优选事项识别以及适应政策模拟与管理技术体系构建。

（3）考虑不同区域之间的联系

不同地区通过各种物质、能量和信息的流动相互影响，适应气候变化需要考虑区域间的协调。例如，水流连接着一个流域的上、中、下游。为了适应气候变化需要对整个流域水循环以及化学和沉积过程的影响进行研究，需要开发关键技术并建立一个立体的控制和管理系统，来解决水库的调蓄、联合布局、综合模拟、协调调度等问题。另一个例子是，针对气候变化对经济贸易、产业布局和竞争力等的影响特征，建议在推动经济一体化区域（如京津冀经济区、粤港澳大湾区、长江经济带、海南经济特区）建设的过程中，增强适应气候变化的联动性并设立区域性适应气候变化制度。

4.3.2.3 整体有序

关于有序适应的思想可以这样理解：地球是一个整体系统，不同地区的气候变化及其影响之间存在相互联系，应对气候变化是全人类所面临的共同问题。工业革命以来，人类大规模的生产活动，无序占用大气资源，导致大量温室气体排放，促成了百余年来的全球快速增温。这个例子说明，人类的无序生产活动，必将产生全球环境的严重后果。有序适应气候变化应该是：通过合理安排和组织，不同国家或机构、不同区域、不同部门之间通过协调的系统性行动，使人类社会能够整体有效规避气候变化的不利影响，合理利用气候变化的有利影响。在有序适应理念的指导下，构建一个从科学技术、综合集成到社会经济全方位协调一致的有序适应气候变化方案，使人类社会能够长期适应气候变化，保障经济社会可持续发展（Wu et al.，2018）。

适应气候变化需要一个包含制度、市场和技术的全面计划，并且必须强调建立一个有序的机制，以实现所有参与者的最佳利益。相关的适应技术正在逐步得到开发和发展，但战略、政策、法规和部门技术之间的协调和协作整合仍然不足。环境、社会和经济系统综合有序适应的实现路径包括：①加强地区间的合作治理，协调对气候敏感部门（如农业、林业、水、能源、交通和工业）的合作和综合规划；②促进战略规划和构建适应政策及其优化的法律框架；③量化政策执行目标。此外，有必要加强适应经济学的研究，强化市场机制。通过从技术开发到示范、从机构建设到市场和资金保障的链条开发和综合实施，可以实现全方位的气候变化适应。

4.4 适应气候变化科技发展战略性布局

4.4.1 总体布局设想

气候变化导致地球系统尤其是表层系统的非一致性、非均衡性和非稳态特性进一步增强，对经济社会系统的持续发展和生态环境的健康稳定构成严重威胁。

因此需要大力加强适应气候变化工作，增强社会经济系统的适应能力，维持和提升生态环境健康水平，减轻当前生态和社会系统的脆弱性，降低未来的潜在气候风险，走上一条具有持续恢复力和韧性的发展途径。其中，做好适应的规划与顶层设计、甄别适应的优先事项与优先区域、选择双赢无悔的适应措施、对适应过程进行量化监测与评估，是适应气候变化科技研究中需要系统回答的科技问题，适应能力提升与整体优化是贯穿整个适应过程的关键所在。

在我国当前的气候变化适应相关研究中，存在气候变化适应研究与传统行业或领域研究边界不清、适应方法学不完善、适应研究与影响评估预估研究分离、基础—应用基础—应用全链条研发缺失、缺乏实践中可操作性强的适应技术体系、与重大需求结合不紧密、瓶颈问题未能有效突破等问题。适应气候变化研究的顶层设计不足，"小""散""碎"问题突出，成果"孤岛"与"礁体"成果繁杂，标志性、科技发展增量和显示度尚显不足。按照大科技发展思路，发挥举国体制优势，进行"大兵团"作战，整合完善科技资源，系统融合国内外相关研究的新进展，突破一批技术瓶颈问题，面向重大实践需求，研发整装成套的实用技术，构建适应技术与管理技术两套体系，全面提升国家、区域和行业适应气候变化的能力，以支撑国家总体发展战略的实施，研发一批具有重大标志性的成果，是我国适应气候变化科技发展的战略选择。

围绕气候变化适应工作，《国家适应气候变化战略2035》更加突出气候变化监测预警和风险管理，提出完善气候变化观测网络、强化气候变化监测预测预警、加强气候变化影响和风险评估、强化综合防灾减灾等任务举措。划分自然生态系统和经济社会系统两个维度，分别明确了水资源、陆地生态系统、海洋与海岸带、农业与粮食安全、健康与公共卫生、基础设施与重大工程、城市与人居环境、敏感二三产业等重点领域的适应任务。

结合适应气候变化重要工作支撑需求，在适应气候变化技术发展路线图研究基础上，按照四个板块和六个重点研究方向进行布局，研究形成技术与政策两大体系，并有机衔接（中国21世纪议程管理中心，2017）。四个板块分别为科学基础、技术研发、决策管理和集成推广。其中，科学基础主要是研究数据保障和气候变化影响评估、风险预估模式与关键技术；技术研发包括自然环境生态系统、社会经济系统等方向的研究，重点是适应机理、关键技术及示范。集成推广重点是在气候变化敏感区、重点社会经济发展区进行管理与技术集成及示范应用；决策管理主要是研究适应气候变化的政策、体制、机制、法制及关键技术研究。在技术与政策体系的研究中，实行从科学基础到技术研发再到集成推广和决策管理的全链条研究。两大系统、四个板块与六个研究方向的结构、关系如图4-13所示。

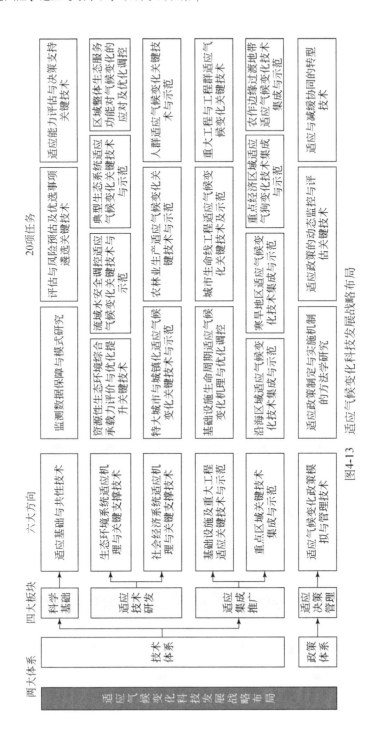

图4-13　适应气候变化科技发展战略布局

4.4.2 重点方向与任务建议

4.4.2.1 适应气候变化基础与共性技术

(1) 气候变化适应监测、数据保障与模式研究

面向气候变化影响评估、风险预估和适应行动，制定气象、水文和下垫面监测国家标准与技术规范。研发观测站网优化支撑技术，整合监测资源，优化站网布局。研发新一代多圈层、全要素、多尺度观测技术，实现对气象、水文和下垫面条件实时监测，发展多源数据同化、融合技术，开发标准化的数据产品。融合国内外大数据和物联网技术的新进展，建立基于云技术的气候变化适应研究大数据共享平台。研发基于多圈层相互作用和高性能计算的高分辨大气环流模式、海洋环流模式和海冰模式，建立具备从季节内到年代际尺度的无缝高分辨率气候系统模式。构建具有自主知识产权、高精度气候–水文–生态的耦合模拟与预报模式，提高模拟与预测精度，延长预见期。应用复杂系统理论，构建气候变化–生态环境–社会经济动力学互馈模式，支撑适应气候变化优选事项识别和转型发展情景比选。

研究在气候变化影响下，不同类型受体对于不同气候变化胁迫的暴露度、敏感性和弹性等脆弱性因子、风险、机遇和系统演化规律，陆地生态系统、水系统、海洋与海岸带、冰雪圈等自然系统主要领域的共性适应机制与技术原理，农林业、其他气候敏感产业、人体健康、生态脆弱气候贫困与生计、基础设施与重大工程、城市规划与发展、区域经济社会发展等人类系统主要领域的适应机制与技术原理、边缘适应理论及其应用，渐进与转型两种适应策略的相互关系与应用条件，适应行动的生态、经济、社会效益综合评估方法、适应行动阈值分析，气候变化影响不确定性来源与适应行动的风险决策原理、适应技术辨识、优选与集成方法等。

(2) 气候变化影响评估与风险预估及优选事项遴选关键技术

识别气候变化对地球表层各要素系统影响机理和量–效关系，构建气候变化影响评估指标体系、标准和模型，开展气候变化综合影响评估，研制气候变化影响区划图。构建考虑极端气候气象事件的资源、生态和环境综合承载力模型，就气候变化影响下全国和重点区域的资源、生态和环境综合承载能力进行评估。构建气候变化风险动态预估指标、标准和模型，绘制气候变化风险区划图。识别影响与风险因子的可调控特性，结合多情景模拟，识别适应气候变化的重点区域和关键环节，构建适应气候变化优选事项遴选的成套技术。

（3）气候变化适应能力评估与决策支撑关键技术

识别地球表层各系统及各因子对气候变化波动的适应机理及阈值特征，是制定气候变化适应对策的前提和基础。结合创新原型观测、控制实验和数值模拟创新和现代信息技术的融合，识别多类型、多层级生态与环境系统对气候变化波动的适应机理及阈值特征，明晰社会经济系统对气候变化影响的自适应与调节机理。系统构建绿色基础设施（防护林、水源涵养林、生态屏障等）、灰色基础设施（水利工程、交通工程、管道工程等）、粮食主产区、敏感生态区、城市（群）和重点经济区气候变化综合适应能力评价技术体系及关键技术。

4.4.2.2 生态环境系统适应气候变化机理与关键支撑技术

（1）气候变化对资源-生态-环境综合承载能力评价与优化关键技术

以地球表层系统为对象，识别重点要素系统适应气候变化的机理及可恢复特性（resilience），并确定其阈值和适应路径。将未来气候变化影响和风险纳入资源、生态、环境等承载力的研究中，构建资源-生态-环境综合承载力评估技术与优化提升决策支撑技术。

（2）流域水安全调控适应气候变化关键技术与示范

水分是地球表层系统最为活跃的因子，流域是水循环的完整空间单元，植被、土壤等对水循环过程、水化学过程和水沙过程具有良好的调节性能。在气候变化影响下，主要气候因子呈现出从"窄幅"向"宽幅"变化的趋势；在流域层面提高下垫面条件和人工基础设施对水量和水质的调节能力，建设海绵流域，是新一代适应气候变化的综合集成技术。

海绵流域建设是通过地表绿色水库、灰色水库、土壤棕色水库、地下蓝色水库的建设和联合调配，进行多圈层水量、水质和水生态的立体调控，是整体适应气候变化背景下水循环及伴生水环境、水生态和水沙过程宽幅变化关键举措，也是提高水资源保障能力、维持水安全的成套技术措施。开展四类水库调蓄潜力、综合布局与建设、联合模拟与调度等关键技术研究，系统构建海绵流域建设技术体系，并开展试点示范，同时开展水环境适应气候变化关键技术与示范。

（3）典型生态系统适应气候变化关键技术与示范

研究林地、草地、湿地等典型生态系统对气候变化的响应机理、过程及阈值，构建典型生态系统对气候变化的适应性评价指标与评价方法，结合典型生态系统的生态服务功能和可调控特征，研究典型生态系统适应气候变化调控路径及关键技术。

（4）流域/区域整体生态服务功能对气候变化的响应及优化调控

结合气候变化对生态服务功能的影响和生态系统的分布与生态功能定位，从规模、构成、布局三大方面，研究、流域/区域生态系统整体适应气候变化能力建设关键技术；结合气候资源、水土资源及适宜性评价，研究典型人工生态系统适应能力建设关键技术，保障生态用地，合理调配生态用水。

4.4.2.3 社会经济系统适应气候变化机理与关键支撑技术

（1）特大城市与城镇化适应气候变化关键技术集成与示范

开展特大城市及城市群适应气候变化关键技术及示范，结合国家城市综合发展战略，从规模、结构、承载能力和区间联动等方面，提出特大城市和城市群适应气候变化的宏观发展战略。特大城市和城市群具有显著的"雨岛"和"热岛"效应，在气候变化影响下，城市高温和内涝灾害愈演愈烈。开展城市热岛和内涝形成机制研究，并从规模、功能区规划、基础设施建设等方面开展热岛和内涝减缓关键技术研发，提升特大城市及城市群适应气候变化能力；制定城市化对气候变化影响评估技术导则。结合新型城镇化建设，从规模、结构、承载、区间联动等方面开展城镇适应气候变化关键技术研究，并进行示范。

（2）农林业生产适应气候变化关键技术与示范

对于以产品生产功能为主的耕地、经济林草地等人工生态系统，开展气候变化背景下土地的适宜性评价，并结合病虫害的风险，提出我国和重点区域作物空间布局的调整方案，系统回答作物带北移的可行性与可靠性，开展高光效人工生态系统种植制度优化关键技术研究。结合食物结构调整，从生物质资源整体供给的角度，开展气象与旱涝灾害防控研究，整体提高农业适应气候变化能力。

（3）人群健康适应气候变化关键技术与示范

建设极端天气气候事件与健康监测网络、风险可视化动态决策支持系统和公共信息服务系统。开展气候变化对人类健康影响的监测预警技术研发，以高温热浪、低温寒潮、灰霾、洪涝、干旱、风暴等为重点，建立预测、监测、应对、快速响应为一体的预警预报系统。选择极端事件和气候敏感性疾病频发的典型区域，研发气候变化与健康脆弱性的综合评估模型及脆弱性分区技术。针对不同区域气候变化健康脆弱性特征，制定政府、社区和个人不同层次适应气候变化的策略和措施，建立示范区，进行适应效果分析。

4.4.2.4 基础设施及重大工程适应气候变化关键技术与示范

（1）基础设施全生命周期适应气候变化机理与优化调控

在传统的基础设施规划布局与建设中，均以历史气候条件作为依据，未能充分融合未来气候变化的特征。需要指出的是，基础设施的服役和功能发挥重点是面向未来的气候变化和经济社会发展需求，传统的基础设施规划布局与建设范式存在"历史情景"与"未来需求"两张皮的问题。与此同时，在传统基础设施的设计与建设中，重点是以单项工程为对象，未能从系统和工程全生命周期的角度做出科学安排。结合基础设施的服务功能定位和全生命周期对气候变化的响应，系统开展基础设施适应气候变化能力建设关键技术研究。从规划、设计、施工和运维等全生命周期过程，研发适应能力整体建设关键技术；突出传统设计标准与导则升级优化，将适应气候变化能力建设与基于可靠度的设计与运维纳入规程规范。

（2）城市生命线工程适应气候变化关键技术及示范

开展城市供排水、能源供给、交通等重点生命线工程对气候变化的响应机制识别，研究城市生命线工程抗灾设计、智能化控制等关键技术，并进行推广示范。

（3）重大工程与工程群适应气候变化关键技术

开展气候变化对长江上游特大水利水电枢纽群水资源和水能资源的影响评估，构建特大水利水电枢纽群多目标联合调度关键技术研究。研究气候变化对南水北调东中线工程水源区可调水量特征、受水区需水和超长距离输水调度的综合影响，研究跨流域调水工程适应气候变化关键技术。开展气候变化对西气东输工程、青藏铁路、高铁等重大能源和交通的影响及风险评估研究，提出气候变化适应路径，研究安全保障关键技术。

4.4.2.5　适应气候变化政策模拟与管理技术

（1）气候变化适应政策制定与实施机制的方法学研究

开展气候变化适应政策制定的方法学研究。研究气候变化、社会经济与生态环境的动力学互馈机制，研发政策模拟与社会经济损益平台。结合气候变化影响评估、风险预估和适应技术应用需求，研究气候变化政策与管理决策关键技术和政策实施机制，实施"一区一策""一城一策"气候变化管理策略。

（2）气候变化适应政策的动态监控与评估关键技术

开展气候变化适应相关政策实施的动态监控和评估关键支撑技术研究，支撑政策和管理的优化调整，融合信息化、大数据、云网络等技术的新进展，开展适应气候变化系统管理关键技术研究。

（3）适应与减缓协同的转型技术

选择典型适应区域，开展适应案例研究，揭示渐进适应与转型适应等适应方式抉择的内在驱动因素与适应机制。研发适应气候变化的区域产业结构调整与功能优化技术，研发减缓技术的成本效益分析方法，研究保障区域适应和减缓能力不断提高的合作机制、法律与制度、评估体系，研究地区间贸易、金融、技术转移对减排和适应气候变化行动的影响。

4.4.2.6 重点区域适应气候变化关键技术集成与示范

（1）沿海区域适应气候变化技术集成与示范

结合海平面上升和"三碰头"（天文大潮、风暴潮和暴雨洪水）的影响评估与预估，开展沿海地区洪涝风险评价与区划、"海陆一体化"洪涝防控、沿海生态屏障、水系连通工程和海防工程建设等理论与关键技术研究，构建沿海地区适应气候变化整装成套技术与管理体系，并开展试点示范。

（2）寒旱地区适应气候变化技术集成与示范

结合气候变化对高寒地区水资源和热量资源的影响，开展寒旱地区水热资源适应性综合开发利用关键技术研究，识别气候变化对融雪型内涝、融冰性洪水以及冰湖溃决灾害等的影响机理，提出旱寒地区水土资源联合调控等适应性技术和综合防灾减灾技术，整体提升青藏高原、内陆干旱地区、黄土高原地区适应气候变化能力。

（3）重点经济区适应气候变化关键技术集成与示范

结合长江经济带、丝绸之路经济带、京津冀协同发展区、珠三角区等重点经济区，开展重点区域适应行动规划，筛选满足区域适应能力建设需求的基础设施和重大工程。开展适应气候变化的城市和重点地区社会经济发展规划，优化基础设施的综合布局，研发适应行动和适应规划的监测与效果评估技术，评估适应行动和适应的实施效果。

（4）农作边缘过渡地带适应气候变化技术研发与综合集成

明确农作边缘过渡地带的生产特征，确定气候变化影响的高风险地域，识别关键脆弱因子，捋清关键适应问题，开发有针对性的实用适应技术，进行适应实践示范和效益分析，阐明适应技术机理与适应技术途径，建立具体可操作的农作边缘区域适应技术体系，阐明农作系统的适应机制，研发区域适应决策支持系统，为区域的可持续发展做好技术储备。

| 第 5 章 | 气候变化风险、适应 与碳中和的对策建议

5.1 适应气候变化行动紧迫性

IPCC 于 2022 年 2 月发布了第六次评估报告第二工作组报告——《气候变化 2022：影响、适应和脆弱性》（以下简称《报告》）（IPCC，2022）。《报告》通过对 34000 多篇文献的综合评估，以新的数据、翔实的证据、多元的方法反映了当前气候变化影响、风险和适应的最新科学进展，揭示了气候、生态系统和人类社会之间的相互依存关系，评估了人类和生态系统在适应气候变化方面的脆弱性、能力和限制，提出了开展适应气候变化行动的重要性和紧迫性，为加强风险管理和区域适应、促进气候恢复力发展提供了重要的科学基础。

5.1.1 IPCC 最新评估报告核心结论

气候变化已经对自然界和人类社会造成了广泛的不利影响，全球 33 亿～36 亿人生活在气候变化高脆弱区。全球气候变化，尤其是频繁的热浪、干旱和洪水等极端事件，对于生态系统结构、物种地理范围、物候、水与粮食、健康与生计、城市基础设施等产生了不利影响。例如，评估的物种中 50% 正在向极地和高海拔迁移，全球四分之一的自然土地面临着更长的火灾季节，全球一半的人口面临着严重缺水问题。

未来气候变化将对自然和人类造成 127 种关键风险，且呈现出复合性和级联性特征。报告评估了不同温升（0～5℃）情景下气候风险程度和区域分布，指出如果全球温升 1.5℃，将不可避免地加剧多种气候灾害，并对生态系统和人类社会带来多重风险。报告评估出的 127 种关键风险可以归纳为低海拔沿岸、陆地和海洋生态系统、关键基础设施、生活标准、粮食安全、水安全、和平和迁移性等 8 大类。未来气候风险将是复合性风险，呈现多种灾害并发、影响多个系统的特点。这种复合性气候风险还会在不同行业、不同区域间进行传导，表现出级联

性特征。自 IPCC 第五次评估报告以来，对于气候变化的影响和识别出的主要风险的认识有所增加。这些认识是基于气候灾害、暴露度和脆弱性所产生的观测和预估的影响和风险得到的。

适应气候变化规划和实施取得了进展和效果，适应措施对降低风险和促进可持续发展目标具有积极作用。报告从技术、成本、社会效益等 6 个维度评估适应气候变化措施的有效性，至少 170 个国家在气候政策和规划中考虑了适应行动，适应行动已在健康、粮食安全、生物多样性保护等方面产生了正面效应。适应措施对减贫、健康等其他 16 个可持续发展目标都有正响应。

采取行动的窗口正在缩小，气候恢复力发展路径将有助于实现减缓、适应和可持续发展目标的协同。未来气候变化不断加速、暴露度和脆弱性不断提高，揭示了采取适应行动的紧迫性，拖延全球协同行动将无法保障宜居未来的实现。报告提出了气候恢复力发展路径（图 5-1），即全面、有效和创新的应对措施可以产生协同效应，减少适应和减缓之间的制约，从而改善自然和人类的福祉，实现可持续发展。报告给出了一个解决方案框架来应对这些挑战，即将应对气候风险与减少温室气体排放的策略和行动（适应和减缓）结合起来，从而减少贫困和饥饿，改善健康和生计，为更多人提供清洁能源和水，保护陆地、湖泊、河流和海洋的生态系统，最终实现可持续发展。这个集成的解决方案框架被称为气候恢复力发展路径（张百超等，2022）。

5.1.2 IPCC 报告影响分析

《报告》反映了当今科学界对气候变化影响、风险和适应问题的最新认识，但其中我国研究成果和知识贡献有限。与历次 IPCC 报告相比，本次《报告》在科学上取得了明显进展和更多共识，尤其在气候变化影响和风险评估基础上加强了对适应气候变化措施的评估，强调了气候、生态系统和人类社会的互馈联系，突出了基于气候恢复力发展路径的愿景。我国积极参与第二工作组报告编写和审议，但本次《报告》只有 10 位中国作者参与，仅占总作者的 3.7%，引文贡献率、领域平衡性、全球视角关注等方面相对薄弱，知识贡献和影响力还存在不足。

《报告》警示适应气候变化的重要性和紧迫性，引起国际社会广泛关注。报告发布后，联合国秘书长古特雷斯指出《报告》堪称"人类苦难图集"，强调"形势紧迫"。IPCC 主席李会晟表示，这份报告对不作为的后果发出了严重警告，迫切需要采取紧急且更具雄心的适应行动来应对气候风险。美国提出加快实施

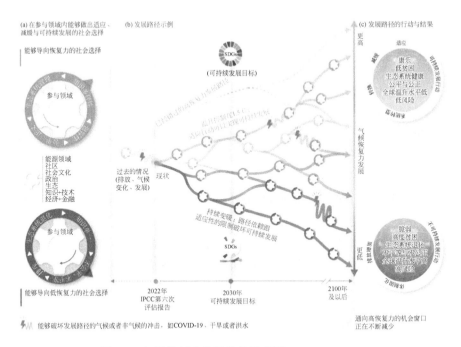

图 5-1　气候恢复力发展路径示意图（IPCC，2022）

30 亿美元的总统"适应和恢复力紧急计划"，德国拟增加 2100 万欧元用于相关研究和资金的国际合作，小岛国联盟、最不发达国家集团均发声强调自身的脆弱性以及适应资金的重要性。

《报告》对《联合国气候变化框架公约》第 27 次缔约方大会（COP27）谈判产生影响。2022 年 11 月，埃及主办 COP27，埃及十分重视适应气候变化，其所在的"77 国集团+中国"也蓄力推动 COP27 聚焦适应议题。COP27 通过了"沙姆沙伊赫实施计划"，决定建立损失与损害基金成为国际气候谈判最新亮点。《报告》中关于迄今全球气候转型投资远低于预期的评估结论，成为发展中国家推动资金、适应、损失损害等议题的重要科学论据，长期看也将持续推动全球适应目标、损失损害、全球盘点等适应相关议题的谈判进程。

5.1.3　加快适应气候变化行动的建议

从适应、减缓和可持续发展三者协同的角度认识适应的重要性，走气候恢复力发展路径。建议从社会经济系统和自然系统两方面加快适应性行动。一方面，在社会经济系统中，应对城市化趋势给适应行动带来的挑战，应发挥好城市对周边乡村适应性行动的带动作用，这将成为未来人类系统适应行动的重点。另一方面，可以通过提高自然系统的恢复力来促进气候恢复力发展。需要注意的是，自然系统的适应在不同温升情景下有不同的限制，在较高温升水平的发展路径之下，自然系统的适应行动效果将会大幅减小。相比以往的 IPCC 评估结论，《报告》显示适应气候变化行动的时间节点比之前认为的更紧迫。我国在工业化、城市化的过程中，实现可持续发展目标还存在众多挑战。因此，发挥好大城市的辐射效应，提高自然生态系统的可恢复力，并且在关注脆弱群体的前提下，开展有效、公平的适应行动迫在眉睫。

充分认识气候变化风险的严重性，把握开展适应气候变化行动的机会窗口。《报告》指出气候风险显现的速度越来越快并愈加严重，加上复杂、复合型和级联风险使得气候变化风险越来越复杂。《报告》尤其关注气候、生态系统和社会经济系统之间的相互联系，指出气候变化已经给人类福祉和地球健康带来了显著的不利影响，其中一些不利影响已经超出自然和人类系统所具有的适应能力，已经造成一些不可逆的经济和生命损失。经过评估，人类采取的气候变化适应措施取得了一定效益，但还不足以应对气候变化风险，随着气候变化进一步加强，适应能力将会更加受限。我们仍有机会减少气候变化对生态系统和人类系统的损失和破坏，并指出必须立即行动以应对气候风险，但是这个短暂的机会窗口正在关闭，建议立即采取有效的适应气候变化行动。

5.2 适应气候变化综合能力提升

国际上，对于适应气候变化的关注持续升温。2018 年，全球适应气候变化委员会在荷兰成立，旨在通过前瞻性战略规划、创新技术等措施，帮助气候脆弱型国家减少气候变化带来的损失并抵御气候变化风险，提升全球适应气候变化能力。适应气候变化是应对气候变化的两大举措之一，区别于减缓针对温室气体减排，适应是针对气候变化带来的损失和未来风险采取的调整措施。我国是气候脆弱型国家，作为该委员会的 17 个召集国之一，我国在适应气候变化领域的部署、行动和投入等方面与发达国家相比还存在差距，亟须进一步提升适应气候变化能力。

5.2.1 气候变化带来的威胁和机遇

气候变化引起的极端气候事件频发，呈现广域性和复合性特征，对全球经济社会发展和生态环境的威胁日渐严峻。世界气象组织发布最新数据显示，1970～2021年，极端天气、气候和水事件引起的灾害达到11778个，造成超过200万人死亡，经济损失达4.3万亿美元（WMO，2023）。高温和暴雨是近年全球典型多发的极端气候事件。2018年，北半球大气出现严重"发烧"，被认为是有史以来最热的年份之一。北极圈内部分地区出现了30℃的异常高温天气。加拿大魁北克省、日本和韩国出现大范围高温热浪，仅日本就造成144人死亡，8万余人中暑。2017年南亚多国暴雨频繁洪水肆虐。孟加拉国、印度、尼泊尔等国多地频遭暴雨洪涝灾害，共造成1200多人死亡，4000多万人受灾。

我国遭受气候变化损失远高于全球平均水平。21世纪以来，我国因气象灾害导致的直接经济损失年均超过3000亿元，占GDP的比例年均接近1%，是同期全球平均水平的4倍多（中国气象局，2022）。2012年北京7·21特大暴雨事件、2021年郑州7·20特大暴雨给人民生命财产带来的巨大损失。除高温和暴雨外，强台风也是我国近年频发的极端气候事件。2018年，我国北方地区连续33天超长高温预警，仅辽宁海参养殖业的直接经济损失就达68.7亿元。2017年我国南方连续6轮暴雨，湖南共692.1万人受灾，农作物受灾面积达49.9万hm^2，绝收面积达8.4万hm^2，直接经济损失190.3亿元。2016年全球最强台风"莫兰蒂"重创我国沿海，福建、浙江等地出现暴雨，因灾死亡36人，直接经济损失达160亿元。

未来我国应对气候变化带来的风险和损失会不断加剧，亟须采取相关适应气候变化措施。即使各国提出的减排目标完全实现，全球范围内温升仍是必然趋势。如果不采取适应措施，气候损失将继续扩大。全球范围内温升是必然趋势，到21世纪末，热浪的数量可能增加2倍；水稻生产有80%的年份可能会受到高温损害，中国的粮食生产损失大约为20%；冰川收缩近70%，我国西部地区处于缺水压力下的人口会增加近两倍。

与此同时，还要看到气候变化为种植业优化调整和产业转型升级带来一些机遇。我国热量资源普遍增加，小麦、寒地水稻、双季稻、中晚熟玉米、柑橘、橡胶等可种植范围北移，西南地区咖啡等的适宜种植范围明显扩大，为种植业的优化调整带来一些机遇。最近30年，一年两熟和一年三熟的可种植面积分别增加了100余万公顷和300余万公顷。气候变化还延长了东北地区玉米等的生育期，增加玉米单产。气候变化影响下青藏高原和西北地区的暖湿化趋势明显，青藏高原植被质量有改善。气候变化改变了市场需求，公众减缓气候变化的意识增强，为产业的绿色发展和制冷等行业的转型升级创造机会。

5.2.2　我国适应能力与国际的差距

世界主要国家加紧适应气候变化战略部署。一是从 2006 年起，法国、英国、加拿大等 20 余个国家纷纷出台战略和行动方案。英、美等国还成立专门委员会或跨部门工作组推进国家战略和方案的落实。例如，早在 2007 年，欧盟就发布了《欧洲适应气候变化——欧盟行动选择》，并把通过气候集成研究、扩展知识基础并降低不确定性作为 4 个优先行动领域之一。英、法、德等主要成员国分别发布了相应的行动框架与战略，从提高科学认知到成果推广应用，做了全方位的精细部署，区域的适应能力显著增强，处在全球的领先行列。美国在奥巴马政府期间，宣布了《气候行动规划》，部署了碳减排、适应气候变化以及引领国际社会应对气候变化等 3 项核心任务。二是充分发挥科技的支撑作用。除在"世界气候研究计划"等重大国际性研究计划中安排研究外，多国还专门部署国家级专项研究。如日本发布《建设气候变化适应新型社会的技术开发方向》，部署"气候变化适应研究计划"等专项研究；澳大利亚投资 1.26 亿美元实施《气候变化适应方案》，设立"国家适应研究计划"。三是积极开展适应气候变化国际合作。通过发布《德国气候保护倡议》《澳大利亚政府国家气候变化适应倡议》等，在气候变化领域扩大影响力，发挥引领作用。

我国适应气候变化工作任重道远，与发达国家相比仍有较大差距。一是适应战略部署较晚。我国在 2013 年发布了《国家适应气候变化战略》，提出了到 2020 年的目标和任务。2022 年又发布了《国家适应气候变化战略 2035》，对当前至 2035 年适应气候变化工作做出统筹谋划部署。二是适应气候变化准备程度不充分，适应气候变化能力不足。据世界各国适应气候变化准备程度评估结果，我国在参评的 184 个国家和地区中排第 71 名，尤其在管理机制、科技创新政策环境、成效评估等方面与国际相比差距较大。三是科技支撑能力不足。"十二五"期间，我国应对气候变化领域研发投入共约 159 亿元，而适应气候变化相关投入仅占 13.8%，仅为减缓气候变化的 1/6，科技投入力度明显不足。"十三五"期间，适应气候变化的相关研究分布于农业、林业和生态类专项中，没有专门的专项部署支撑，还没有形成气候变化影响—风险评估—适应技术研发与决策的全创新链条部署。

5.2.3　提升我国适应气候变化能力的建议

强化顶层设计和工作统筹，提高适应气候变化在国家发展中的战略地位。一是充分认识适应气候变化能力提升的重要性，将适应气候变化工作纳入碳达峰碳中和、区域协调发展战略、可持续发展战略等重大战略部署中。二是建议讨论设立专门的适应气候变化工作协调机制和顶层设计。例如，在国家应对气候变化及节能减排工作领导小组下，设立由生态环境部、科学技术部、农业农村部等组成的国家适应气候变化委员会或专门工作组，进行跨部门协调和顶层设计，增强适应工作的统筹。三是对青藏铁（公）路、高铁、水利水电、电网工程、生态工程、沿海岸工程、能源工程等重大工程和农业、城市等基础设施建设，开展和强化气候变化影响与风险评估，进行充分的气候论证，提升其适应气候变化的能力。

瞄准 IPCC 评估等最新科学前沿，加强适应气候变化科技创新研发部署，提高我国适应气候变化的科技支撑能力。在国家科技计划中部署"基于风险评估的适应气候变化技术研发与示范"研究任务，开展气候变化及极端事件的检测归因和预估等共性技术研究；开展自然环境生态系统、社会经济系统、重大基础设施领域关键适应技术研发，编制适应气候变化技术清单，开展适应气候变化的政策机制研究；在气候变化敏感区、重点社会经济发展区进行管理与技术集成及示范应用。为我国应对气候变化、实现碳中和目标提供有力科技支撑。

准确把握国际谈判与合作形势，寻求引领全球气候治理新机遇。一方面充分认识 IPCC 及与公约谈判的互动关系，密切关注和深入研判 IPCC 评估报告结论及潜在国际影响，科学解读和有效利用报告信息，为我国参加联合国气候大会和国际气候治理提供科技支撑。另一方面，在适应气候变化领域开展更广泛和有力的国际科技交流合作，援助开展气候变化影响与风险评估、适应战略规划并提供战略咨询服务，建立面向发展中国家的适应技术信息平台等。这将有助于我国适应技术与产品"走出去"，有助于我国树立负责任大国形象，有助于推进国家战略和全球适应气候变化行动的实施。

5.3　气候变化风险与国家安全

气候变化导致海平面上升、极端气候事件增加、冰川融化、海洋酸化、生物多样性减少等自然生态环境的变化，进而对国土安全、军事安全、经济安全、社会安全、生态安全、资源安全、能源安全和政治安全产生了诸多负面影响。气候变化作为全球最重要的非传统安全问题，对人类社会生产与发展造成了严重威胁。党的二十大报告强调中国发展进入战略机遇和风险挑战并存、不确定难预料因素增多的时期，各种"黑天鹅""灰犀牛"事件随时可能发生。因此有必要研判气候安全问题面临的新形势，特别是从气候变化风险角度识别影响国家安全的重大气候问题，从科技支撑角度提出对策建议，为实现中国式现代化筑牢安全屏障。

5.3.1 从气候变化风险角度认识国家安全问题

国际上气候变化问题安全化趋势明显，各国纷纷将气候变化纳入国家安全战略部署。鉴于全球气候变化作为一种"存在性威胁"不断凸显，近年来越来越多的国家将气候变化与国家安全问题联系起来，气候变化问题安全化的趋向日益普遍。联合国安理会多次围绕"小岛屿发展中国家面临的和平与安全挑战"相关主题举行公开辩论会，就小岛国应对气候安全问题展开讨论。美国拜登政府将气候危机置于美国外交政策和国家安全的中心，发布首个《临时国家安全战略指导》，强调气候变化是一种安全威胁，并声明将加强盟友和伙伴关系以共同应对气候危机。《欧盟全球战略》明确指出，管理好气候安全风险对实现欧洲的安全和繁荣至关重要。德国新的《国家安全战略》提出要保护生活基础的安全、积极应对气候变化的不利后果。《2022 年慕尼黑安全报告》指出，世界各国日益受到极端天气事件的冲击，气候变化造成的不利影响日益严峻，未来几十年内将不断加剧。《北约 2022 战略概念》指出气候变化是当前时代的决定性挑战，对盟国安全产生深刻影响。世界经济论坛《2022 年全球风险报告》强调气候变化导致国家分裂、社会分化，不利于国际合作应对，气候行动失败将是全球未来十年可能面临的最严重风险。

气候安全问题突出表现为全球温升突破"气候临界点"造成气候风险急剧上升，产生"级联"效应给人类社会发展带来系统性风险。2023 年 3 月 20 日，IPCC 发布了第六次评估报告（AR6）综合报告（IPCC，2023），强调气候变化是 21 世纪全球最重大的发展与安全威胁，全球 33 亿~36 亿人生活在气候变化高度脆弱的地区。极端气候事件和气候变暖会导致低海拔沿岸、陆地和海洋生态系统、关键基础设施、生活标准、粮食安全、水安全以及和平及迁移性等 8 大类 127 项关键风险。AR6 结果表明对于任何未来全球温升水平，许多气候相关风险都高于第五次评估报告（AR5）的评估，所预估的长期影响也比当前所观测到的高很多倍。风险和预估的不利影响及相关的损失和损害随着全球温升的增加而升级。AR6 指出无适应或适应性低的情况下，即使是较低的全球变暖水平也将使"独特且受威胁的系统""极端天气事件""影响的分布""全球综合影响""大尺度的独特事件"等五个关切理由（关切理由汇总了对社会和生态系统的潜在后果类型）的风险等级全部变为高和非常高，而 AR5 中只有"独特且受威胁的系统"和"影响分布"这两个关切理由出现此种转变。例如，一些已经受到威胁的独特的生态系统在升温 1.2℃的情景下，就会因为大量树木死亡、珊瑚礁白化、依赖海冰的物种大量减少以及热浪造成的大规模死亡事件处于高风险之中；升温达到 1.5℃则将带来更多和更严重的极端高温、危险的湿热天气、极端降雨和相关的洪水、热带气旋、野火和极端海平面事件；而升温幅度超过 1.5℃时，与气候临界点相关的风险将会更高。2022 年 9 月《科学》杂志刊出"气候临界点"（tipping point）相关研究成果，发现气候变暖会触发 16 个临界点变化而引发诸多系统效应，比如物理气候与生态系统级联效应急速增强并放大，气候变化复合风险的级联效应凸显，进而给人类社会生存与发展带来不可逆的巨大损失。即使将温升控制在 1.5℃～2℃范围内，仍将有 6 个气候临界点被突破，包括格陵兰岛和南极西部冰盖崩塌、低纬度珊瑚礁死亡和大范围的突然永久冻土解冻。

气候变化引发的安全问题是一个涉及自然生态、社会经济、军事政治等多方面的系统性问题。气候变化引发的安全问题既包括对自然生态系统造成的不可逆转的破坏性影响，也包括针对人类社会造成的非传统安全威胁，以及引发武装冲突等传统安全问题。一是气候变化引发温度升高、海平面上升、冰川消融和极端天气等直接破坏关键生态系统，加剧生态系统退化风险，导致生物多样性锐减、物种灭绝，造成生态系统功能受损。二是气候变化对水资源、粮食、能源、关键矿产、基础设施等重点领域产生显著不利影响，通过全球产业链、价值链和国际贸易向不同领域、区域、国家扩散，广泛影响全球社会经济领域。三是气候变化加剧地缘政治紧张局势，弱化部分地区或国家的治理能力，造成气候难民问题，引发暴力冲突。上述气候变化安全问题存在"气候变化—自然灾害—人类系统—不安全因素增加"的循环过程。气候变化加剧自然灾害问题，自然灾害的应对能力取决于人类社会的韧性及经济社会的响应能力。若不能有效应对气候变化，就会形成不安全的驱动因素，造成资源竞争加剧、社会关系紧张、人群健康受损、基础设施与生计资源被破坏、气候难民增加等，进而导致部分国家治理失败，进一步加剧气候变化安全问题。总体来看，全球范围内气候风险具有四个方面的特征，即来源上的内生性、影响上的级联性、科学上的不确定性、治理上的协同性。气候风险的这些特征导致各国对气候变化风险的认知程度和应对态度存在差异，进而在应对气候变化风险方面采取不同的策略。气候变化影响的广度和深度均远大于其他单一类型风险，气候风险跨越不同行业、区域、国家之间的边界，风险具有扩散性和传递性，属于系统性风险、复合型风险，会重构新时期的国家安全战略，需要从大安全与总体国家安全观的视角来看待和认识气候变化问题，协力应对各种传统和非传统安全挑战，采取有效行动应对国家安全与国际安全威胁，努力构建人与自然和谐共生的现代化。

5.3.2 当前中国面临的突出气候安全问题

气候变化对中国国家安全造成系统性不利影响，给国家安全的不同方面带来了不同程度的挑战，中国面临的气候安全问题主要包括十个方面：一是水资源安全，主要是降水变化和干旱问题。20 世纪中叶以来，受气候变化影响，我国东部主要河流径流量不同程度减少，海河和黄河径流量减幅更高达 50% 以上。冰川退缩加剧了青藏高原江河源区径流量变化的不稳定性。我国北方水资源供需矛盾加剧，南方则出现区域性甚至流域性缺水现象。在未来气候持续变暖背景下，未来水资源数量进一步减少，水质变差、旱涝灾害更加频繁，淡水资源供给利用相关的风险会显著增加。二是粮食安全，气候变化对全球粮食生产具有负面影响，加剧粮食供应系统风险，例如洪涝干旱可能造成农作物产量下降 10%，2030年前粮食供应可能会出现困难。我国是农业大国，气候变化对农业生产造成的影响总体上弊大于利。三是能源安全，气候变化对能源的安全供应产生影响，尤其在可再生能源比重持续提高的背景下，如何保障电力的安全供应及价格稳定面临较大挑战。能源转型过程中可再生能源产业链供应链安全问题凸显，尤其是电池核心原材料锂、钼、钛、铟、钨等稀有金属与关键原材料的供应安全已成为全球各国博弈的重点领域。我国关键金属资源需求旺盛，供需不均衡矛盾持续加重。仅 2020 年我国锑、锰、钴等 11 种关键金属消费量的全球占比超 50%，其中铟、银和稀土的增幅最为显著，高达 38.6%、17.4%、14.2%（李文昌等，2022）。为支撑"双碳"目标的实现，我国国内的铬、锰、铂、镍、碲资源储量的保障年限不到 10 年，铜、镝、铟、银等不到 20 年，锂、钴、锡等不到 30 年。如果将建筑、通信等其他非能源部门的需求计算在内，供需缺口将进一步扩大。四是经济安全，气候变化对经济系统造成的直接损失不断增加。高温和极端天气事件（如干旱、热浪和洪水）会影响农作物的正常生长，将导致更多的农作物减产。2000~2010 年，气候冲击造成中国玉米和大豆减产的经济损失合 5.95 亿~8.58亿美元（IPCC，2022）。气候变化将对国际供应链、市场、金融和贸易造成冲击，气候变化对经济的冲击，包括农业减产、重要基础设施损坏和商品价格上涨，都可能进一步引发金融市场的不稳定。五是生态安全，气候变化已给我国自然生态系统带来严重不利影响，气候变化加剧脆弱地区的生态变化，对主要地区的生态系统结构和功能产生不利影响。植被带分布北移，生物入侵增多，陆地生态系统稳定性下降；沿海海平面上升趋势高于全球平均水平，海洋灾害趋频趋强，海洋和海岸带生态系统受到严重威胁。六是人体健康和生命安全，气候变化对人体健康造成的危害逐渐增大，加剧传染病扩散，平均每年因极端天气气候事件而死亡约 2000 人。IPCC 第六次评估报告发现，即使全球升温不超过 1.5℃，中国城市内每年与高温相关的死亡率，将从每百万人 32 人增加到每百万人 49～67 人；如果全球升温幅度达 2℃，将增加到每百万人 59～81 人（IPCC，2022）。七是沿海城市及海岸带安全，海平面长期持续上升对沿海经济发达地区造成重大威胁。海平面上升和河流洪灾将威胁中国的农业、基础设施和人民生命安全。中国的广州、上海可能遭遇海平面上升带来的严重损害和经济损失。八是气候贫困与气候移民安全，气候变化成为生态脆弱地区贫困人口脱贫后返贫的主要原因，贫困人群的生计资源难以维持，气候脆弱地区将面临更严重的灾害风险，气候移民增多。九是重大基础设施工程安全，南水北调工程、西气东输工程、三峡工程、青藏铁路工程以及电网工程等受气候变化和极端天气的不利影响较大。十是城市气候安全问题，快速的城市化进程与气候变化影响叠加，导致基础设施在极端气候灾害面前十分脆弱，城市水灾与内涝频发，交通运输、电力系统、供水、供暖、排水等基础设施在极端天气条件下难以正常运行。城市化进程快速发展，暴雨致灾频繁、损失严重。极端天气事件给中国带来了巨大损失，例如 2021 年郑州特大暴雨等，如果不采取有效的应对措施，未来损失可能进一步增加。

5.3.3　保障气候安全的措施建议

气候变化具体在多大程度上对中国国家安全产生影响？目前气候变化风险定量评估方法和气候预警技术等方面的研究仍存在明显不足，缺乏准确回答上述问题的科学工具和研究实力。应加快组织开展气候风险点与关键气候风险驱动因素识别及气候风险评估框架、指标体系与气候安全指数研究，全面加强对资源竞争、经济安全、社会稳定等关键性气候风险的定量化评估，系统分析评估国家、区域以及城市等不同层级面临的气候安全风险，提升气候安全风险监测预警和有效管理的科技支撑能力。

跟踪分析联合国安理会气候安全议程，跟踪分析联合国环境署、G7、G20、欧盟、北约等主要组织气候安全治理进展，推动构建分工明确、协调统一、团结高效的国际应对气候安全治理体系，确保实现《巴黎协定》提出的应对气候变化长期目标。研究识别南南合作与"一带一路"建设过程中面临的气候安全风险及防范措施，加强适应气候变化领域的国际合作交流，为提升全球气候安全水平做出中国贡献。

运用总体国家安全观与系统安全相关理论，统筹发展与安全、传统安全与非传统安全、内部安全与外部安全，推动总体国家安全观视域下气候安全保障体系建设，为经济社会高质量发展提供气候安全保障。针对快速城市化进程中面临的城市气候安全问题，尤其是极端气候条件下交通、能源、网络、金融、通信等关键基础设施运行与城市安全保障，分析评估识别不同类型城市以及主要城市群面临的气候风险类型、治理路径、关键技术以及保障措施，全面推动气候韧性城市建设，加强城市生命线保障措施，提升城市发展的安全性和可持续性。

5.4 青藏高原气候变化风险与适应模式

青藏高原是世界上气候变暖最为强烈的地区之一。强烈的气候变暖带来气候变率增加，雪灾等自然灾害发生频率加大，农牧区生产、生态、生活三生问题突出，青藏高原绿色发展面临严重挑战。习近平总书记在致中国科学院青藏高原综合科学考察研究队的贺信中明确指示要着力解决青藏高原绿色发展途径等方面的问题。在国家科技计划的支持下，我国在青藏高原生态治理模式与技术等方面也取得了重要进展，为建立适应气候变化的农牧业绿色发展模式奠定了科学基础。

5.4.1 青藏高原农牧业面临的气候变化风险

青藏高原气候变暖显著，生态风险增大，农牧业发展面临挑战。在全球变暖的背景下，青藏高原气温升高速率是平原地区的 2~3 倍，尤其海拔 4000m 以上的藏北高寒牧区，自20世纪80年代以来，以每10年 0.538℃ 的速率增温，37年间增温已突破 2℃，变暖程度前所未有（陈发虎等，2021）。由于高、寒、旱的特点，高原生态系统敏感而脆弱，受气候变化影响大，气候变化对高原生态系统，尤其对高原草地生态环境和农牧业生产构成巨大挑战。

降水变率增加，天然草地饲草供给不稳，草地退化风险加大。强烈的气候变暖使降水变率加大，给高寒草地牧草生长带来了剧烈的年际波动。藏北地区干旱年份的降水相比正常年份减少约 40%，干旱年份的牧草生产量仅为正常年份的 1/2 左右，天然草地饲草供给严重不足，载畜能力下降，放牧压力加大，草地退化严重。近年来，高原西部地区变暖变干，叠加人类放牧活动等因素导致这些区域草地产生不同程度的退化，削弱了高寒草地的生态安全屏障功能。

雪灾发生频繁，饲草料储备不足，畜牧业生产受损严重。强烈的气候变化也带来了雪灾频发，根据气象站的观测记录，1961～2011 年，青藏高原共发生雪灾 706 站次，大约每 10 年发生一次大雪灾。2019 年初，青海玉树和西藏山南、日喀则等地区连续发生重大雪灾，其中玉树州 106.16 万头牲畜觅食困难，死亡牲畜 2.6 万余头（只、匹），岩羊、白唇鹿等野生动物出现死亡，5.8 万人受灾，直接经济损失达 8465.64 万元，畜牧业生产受损严重。

5.4.2 适应气候变化的农牧系统耦合发展模式

传统管理模式限制农牧业发展水平。依靠天然草地供给饲草的传统高原畜牧业模式使草畜矛盾突出，尤其在干旱、雪灾年份面临更强烈的饲草供需矛盾，形成了"秋肥、冬瘦、春死、夏抓膘"的恶性循环，呈现出"过山车"式的发展特点，其稳定性差且自然经济色彩浓重，使得农牧业发展水平仍在低水平徘徊，牧民收入难以得到有效提高，也无法解决高寒草地退化问题。传统的管理模式是不可持续的，必须另辟蹊径才能提升高原农牧业发展水平。

构建适应气候变化的农牧系统耦合模式是助力青藏高原绿色发展的现实选择。针对气候变暖对农牧业带来的风险，基于高原农区和牧区的资源分异特征，应用草畜平衡、高产高效饲用牧草种植、舍饲半舍饲养殖等技术，构建适应气候变化的农牧系统耦合模式。一是利用气候变暖带来的高原农区水热条件好、牧草产量高的优势，通过农区草产品运输供给，采取区域间流动和互补的方式，对高海拔牧区的牲畜进行季节性补饲，发展现代畜牧业，增加牧区畜牧业生产的稳定性，抵御气候变化给牧区带来的风险；二是通过补饲减压增效，减少草地放牧时间，稳定和提升草地的生态功能；三是通过改变农区以粮食作物为主的单一种植业结构，发展饲草生产，提高经济效益，促进当地农户的增收，最终实现高原农牧区生产、生态和生活的多赢。

农牧系统耦合发展具有可行性。从功能区划上看，青藏高原农区和牧区的生产生态功能优劣势十分清楚。牧区主要包括海拔 4000m 以上高原西部和中部的藏北高原和青海"三江源"地区，大约集中了全区 80% 的天然草场，可食性牧草鲜草产量平均为 30～100kg/亩①，饲草供给严重不足，但高寒牧区高原特色畜牧资源丰富。高原农区则主要分布在海拔较低的河谷中，如青海的湟水、黄河谷地以及西藏的"一江两河"（雅鲁藏布江、拉萨河、年楚河）流域，水热条件优越，人工草地一般可年产鲜草 5000～8000kg/亩，优势明显。高原农牧区分别具

---

① 1 亩 ≈666.7m²。

有草和畜的资源优势，优势叠加，构建适应气候变化的农牧耦合发展模式现实可行。在西藏林周县开展的农牧耦合发展试验结果表明，示范区内天然草地植被覆盖率平均提高了 35% 左右，土壤侵蚀模数下降了 35% 左右，生态恢复效果明显；而牧户通过种草养畜，饲草销售产值平均为 400～500 元/亩，每只羊平均收入比传统养殖方式增加了 150 元左右，农牧民增收显著。

5.4.3 青藏高原抵御气候风险的措施建议

建议在试点示范基础上，稳步推进"青藏高原农牧系统耦合绿色发展工程"。一是利用青藏高原农区优越的水热和土地资源，建成一批优质高产的饲草料基地，保障牧区饲草供给；二是充分发展现代饲料工业产品和物流体系，通过区域间流动对高海拔牧区的牲畜进行季节性补饲，缓解草畜矛盾；三是与现有的草地生态补偿制度相结合，建立牧区饲草供给制度，发展舍饲、半舍饲养殖，缩短草地放牧时间，减轻草地压力，遏止草地退化，提升草地的生态功能；四是在稳定饲草来源的基础上，充分利用高原牧区特色的畜牧资源，实现由数量型传统畜牧业向以质量效益型的现代畜牧业转变，增强高原畜牧业发展的稳定性，提高出栏率，实现生态保护和农牧民收入增加的双赢，建立高原农牧耦合的绿色发展模式，助力高原乡村振兴。

加强农牧耦合技术研究，支撑高原绿色发展工程实施。实现高原农牧业的绿色发展，关键是建立生产和生态功能相协调的草牧业技术体系，协调生态-草-牧关系。首先建立青藏高原草地退化格局及等级划分的识别技术体系，明确不同区域的草产量、载畜量和草畜平衡的时空分布特征；其次是加强农区宜草土地区划问题的研究，重点突破高产高效人工草地建植、优质草产品加工等关键技术；在此基础之上，建立草地生态与生产功能的优化配置方案与模式，最终构建生态与生产相协调的高原农牧业绿色发展模式。

建立饲草补偿制度，促进从"输血"向"造血"的生态补偿方式转变。建议适度调整生态补偿政策，改"输血"为"造血"，生态补偿资金适度向农区饲草生产环节倾斜，加强饲草产品供给；以草畜平衡为基点，对高寒牧区改变现金补偿为饲草供给，建立对牧区饲料短缺的冬春季节饲草供给的补偿制度，缓解草畜矛盾，增强抵御气候变化的能力，提高经济效益，稳定高原畜牧业的发展水平。

5.5 生态碳汇交易对碳中和的作用

《中华人民共和国气候变化第三次国家信息通报》发布我国年碳汇量达到 11.15 亿 t CO_2e，占当年温室气体排放量 123.01 亿 t CO_2e 的 9%。碳汇是国际国内碳市场的重要交易品种，通过碳汇交易，国家重大生态工程固定的大量碳汇可以得到市场激励，为高排放行业和企业抵消碳排放和实现碳中和提供渠道，为生态工程的长期运营维护提供稳定的资金支持。大规模开展生态工程的碳汇交易，有利于国家近期减排和远期碳中和目标的实现。

5.5.1 生态碳汇资源助力碳中和的可行性

中国生态工程建设固定巨量碳汇，为应对全球气候变化做出重大贡献。2019年《自然-可持续发展》发表文章介绍中国通过土地利用引领世界绿化进程，强调中国实施的生态建设工程有力帮助全球应对气候变化（Chen et al., 2019）。2020 年《自然》发布中国学者成果，根据短期 2010~2016 年监测数据计算我国陆地生态系统年均吸收 11.1 亿 tC，相当于同时期年均人为碳排放的 45%（Wang et al., 2020）。1978 年以来，我国相继实施了退耕还林还草、三北防护林体系建设、京津风沙源治理、石漠化综合治理、青海三江源生态保护、甘肃省国家生态安全屏障、草原生态奖补等一系列重大生态工程，累计投资超过 1 万亿元。据文献测算（中华人民共和国国家林业和草原局，2021），退耕还林工程（一期）固定碳汇 11.6 亿 t CO_2e，京津源风沙治理工程（一期）固定碳汇约 6438 万 t CO_2e，通过草原奖补等政策引导我国草原固定碳汇达到 1300 万 t CO_2e，重大生态工程固定的碳汇可为我国实现碳中和目标做出重要贡献。

碳汇交易将为生态建设和运营提供重要支持，为高排放行业和企业抵消碳排放提供渠道。碳汇交易是通过市场机制实现生态建设价值补偿的制度安排，由碳排放行业和企业向农林业碳汇制造者购买碳汇产品，以抵消自身超过碳排放配额的部分，实现企业减排目标。截至 2019 年底，国内碳汇交易约为 176 万 t CO_2e，交易额为 3013 万元，为北京、上海、深圳、湖北等企业的碳排放配额清算履约发挥重要作用。截至 2020 年 10 月，我国在北京、上海、深圳、湖北等 8 个碳交易试点地区完成碳交易量为 4.34 亿 t CO_2e，交易额达到 99.73 亿元币。碳汇交易体现了"绿水青山就是金山银山"的理念，生态工程实现了"自我造血"，为生态建设和运营提供可持续的资金支持。生态工程固定的碳汇可为高排放行业和企业抵消碳排放提供渠道。

我国重大生态工程参与碳汇交易量小，造成碳汇资源闲置，对行业和企业抵消碳排放支撑严重不足。我国重大生态建设工程的碳汇生产能力大，达到亿吨规模，而进入碳汇交易的规模很小，交易量长期徘徊在百万吨级，未能体现碳市场对生态建设的经济回馈，从宏观上对重大生态工程未形成有效的激励。国家重大生态工程作为我国生态建设的重要成果，但大量碳汇资源被存储在生态工程中，无法通过碳汇交易在市场上变现，使生态建设者无法盘活碳资产为生态建设和运营提供可持续的资金支持。碳市场中碳汇产品的供给不足，而高排放产业和企业用于碳排放配额清算履约需求旺盛，碳汇产品交易量很小，难以满足高排放行业和企业抵消碳排放的需求。

5.5.2 我国重大生态工程开展碳汇交易存在的问题

项目开发流程长、计算方法复杂、碳交易项目开发的技术难度和成本高。当前，林业碳汇项目开发需要从厅级林业和生态环保部门的审查，经过第三方机构核证，国家生态环保部门的审核，才能到环境交易所进行交易，开发周期多在 1 年以上；同时，林业碳汇开发主要的三个方法学——造林再造林方法学、竹林造林方法和森林经营管理方法学，脱胎于清洁发展机制方法学体系，其中的额外性论证、环境影响评价等原是适用于能源工业减排项目，对造林等生态建设项目造成额外负担，也是国家重大生态工程进入碳交易的主要障碍之一；此外，碳汇交易项目开发的成本较高，小型的林业项目开发成本达到几十万元，大型项目可高达百万元。

国家重大生态工程形成碳汇资源的产权模糊，亟须开展专项研究明晰产权问题。当前国家重大生态工程的主要模式是中央财政制定总体方案，进行专项经费投资，生态建设项目由地方政府具体实施，建设土地性质包括国有土地、集体土地和个人承包农田、草地和林地等，林权属于地方政府农林部门、村集体和个人。出现投资、实施和产权分离，重大生态工程形成的碳汇资源产权不明晰，亟须开展专项研究明确产权归属与分配。

全国统一碳市场碳汇产品交易即将启动，部分早期国家生态工程可能失去碳汇交易资格。2018 年后，由于部门职能调整和全国统一碳市场的推进，导致国内碳汇交易项目开发全面停止。部分林业企业和个人通过国际自愿减排交易体系和市场开展碳汇交易，交易成本和价格的不确定性大。全国统一碳市场碳汇产品交易即将启动。根据《温室气体自愿减减交易管理办法（试行）（征求意见稿）》

提出将碳汇交易项目有效期由《京都议定书》生效日期 2005 年 2 月 16 日修改为我国温室气体自愿减排交易机制开始实施日期 2012 年 6 月 13 日，减排量产生日期为"双碳"目标提出的 2020 年 9 月 22 日，且在项目申请登记之日前 5 年以内，2005～2015 年正是我国重大生态建设的高峰时期，形成了大量碳汇，碳汇交易有效时间后移将使大量国家生态工程项目失去资格。

5.5.3　加快重大生态工程碳汇交易的建议

加强碳汇交易科技研发，降低碳汇交易成本，发展高效监测技术，优化核算方法学，研究交易标准和抵消规范，研发激励脆弱生态系统保护活动参与碳交易的技术措施。一是加强碳汇核算与监测的科技研发，发展高效率、高精度、低成本的碳汇核算与监测技术。二是简化碳汇交易流程，从农林业碳汇交易的特点出发，开发简便适宜农林行业的碳交易方法学，简化或取消额外性论证环节，研究制定交易标准。三是为激励生态建设工程为碳中和目标做贡献，将碳汇抵消配额的比例由当前的 5%～10% 适当提高，研究提出适宜的抵消规范。四是突出碳汇交易的生态价值，研究出台鼓励退化草地恢复、红树林保护、湿地保护的碳汇交易的技术措施和政策。

加强国家重大生态工程碳汇所有权分配理论基础研究，出台国家重大生态建设工程碳汇资源的权属分配相关政策。一是加强国家重大生态建设工程碳汇资源权属分配的科学理论依据研究，识别出资方、实施方、落地主体的贡献。二是从碳汇交易实施的便利角度，研究将中央投资的生态工程碳汇所有权赠予地方土地所有者，以激励地方生态建设主体参与碳交易的主动性。三是研究出台鼓励国家重大生态建设工程进入碳汇交易的措施和政策。

在国家统一碳市场碳汇交易中，研究充分发挥国家重大生态工程碳汇潜力的交易制度，为高排放行业和企业抵消碳排放提供支持。一是研究制定不同行业、领域参与碳交易质量标签制度。由于林地、草地和农地固碳潜力和生态建设成本差异较大，建议研究制定不同碳汇产品的质量标签，引导根据碳汇质量形成不同的碳交易价格，激励高质量碳汇加入碳市场。二是研究制定不同行业、领域参与碳交易的有效时间科学理论基础，稳定碳交易利益相关方对有效碳交易项目的时间预期。三是评估不同时期国家重点生态建设工程参与碳汇交易的资格，从生态建设的长周期性出发，提出建设性的制度方案，尽量延长生态建设工程参与碳交易的可能性，使碳汇交易潜力充分发挥，为高排放行业和企业抵消碳排放提供支持，助力国家近期减排和远期碳中和目标的实现。

5.6 碳中和目标下可再生能源系统气候风险防御

5.6.1 气候变化对可再生能源系统安全性的威胁

气候变化和极端天气气候事件对可再生能源安全性造成了巨大威胁。在碳达峰碳中和目标驱动下，可再生能源在整个能源系统中的占比将大幅度增加，面临的气候风险问题将更加突出。可再生能源有关的气候变化风险的预警、评估和气候恢复力提升技术显得十分重要。因此尽早研究可再生能源体系的安全与恢复力提升技术，防止极端气候事件对未来能源体系的冲击是需要重点关注的问题，也是科技支撑碳中和目标实现的内在重要需求。

气候变化背景下，温度整体升高、极端天气气候事件频发，对可再生能源系统的安全性、稳定性造成巨大威胁。相较于传统能源，可再生能源的规划、建设和运维实施的全流程中更易受到气候变化的影响。风能和光伏本身就会受到气候资源稳定性的影响，极端天气气候事件则更是威胁着这些可再生能源项目的运行。例如，影响风电场安全运行的主要气象灾害因子有雷暴、台风、积冰、极端低温和沙尘暴，积冰和台风带来的强风甚至会直接导致风机倒塌。光伏的输出稳定性受到暴雨、雾霾等的影响，极端高、低温和雷暴则对其安全运行造成威胁。此外，气候变化通过影响水文循环，改变水资源的时空分布，对水力发电及抽水蓄能的正常运行造成潜在威胁，进而影响整个电力系统的稳定性。

在碳中和目标驱动下，可再生能源在整个能源系统中的占比将大幅度增加，面临的气候风险问题将更加突出。根据《中共中央 国务院关于完整准确全面贯彻新发展理念做好碳达峰碳中和工作的意见》，到 2060 年我国非化石能源消费比重达到 80% 以上。面向碳中和目标，可再生能源将会加速发展，使得可再生能源在并网系统中渗透率大幅度上升，由此增大电网波动的风险和脆弱性，增加电力系统问题发生的概率，严重时引起电网系统混乱、电力供给中断等问题，给能源供应链带来冲击。如果没有考虑气候变化对可再生能源的安全保障问题，单纯地为增加非化石能源数量盲目发展可再生能源，而忽视突发极端气候事件对可再生能源的冲击以及引发的断电和连锁反应等问题，将会对整个能源系统安全和碳中和目标的实现造成不利影响。

未来极端气候事件频率和强度还会继续增加，对可再生能源体系构成的气候风险将日益加剧。IPCC 第六次评估报告指出，未来每 0.5℃ 的增暖都会显著增加大部分地区极端天气与气候事件的频率和强度，包括极端温度、极端降水、台风、干旱等。这些极端气候事件将对未来可再生能源体系将带来更大威胁（IPCC，2022）。

5.6.2　可再生能源气候恢复力提升技术发展现状

可再生能源气候恢复力提升技术是可再生能源系统应对气候变化风险问题的有效手段。可再生能源气候恢复力提升技术旨在提高对气候变化暴露度高、脆弱性强的可再生能源系统的恢复力，即减少气候灾害对可再生能源系统带来的风险和损失，并且使可再生能源系统具备迅速恢复到稳定状态的能力。具体包括可再生能源的气候资源高效利用技术、极端气候事件预警技术、气候风险评估与防控技术、适应气候变化技术等。

可再生能源气候恢复力提升贯穿于可再生能源的基建选址、运营调度以及灾后恢复等多个方面，目前技术还存在亟待突破的问题。一是在项目规划中的基建选址设计方面，目前气候可行性论证完全基于过去的气候参数评估，然而可再生能源项目寿命通常在 20 年以上，未来的气候变化风险将导致影响可再生能源设施的关键气候参数发生变化，而当前的设计参数未能充分考虑这些变化，因此存在未来产出下降、维护成本增加、基建损毁等的风险。二是在可再生能源的运营阶段，相比于传统化石能源，可再生能源（特别是风能、太阳能）受气候因子的波动性影响较大，目前可再生能源项目已经有一些精细化气象数值预报的应用，但仅限于未来几天的气候资源预报，而针对未来中长期的气候资源稳定性变化特征以及能源项目特定位置下的气候和极端气候的变化，相关的预测预警技术还不成熟、有待革新，相应的气候变化风险预警系统也有待建立，提高可再生能源气候稳定性的综合防控技术体系亟待建立，针对可再生能源的气候风险评估、风险区划等技术研究基本处于空白阶段。三是在灾后恢复方面，亟须提高可再生能源体系面向气候风险的恢复力，在灾后损失评估和预评估、灾后迅速恢复等方向的适应气候变化关键技术还有待加强研究。

5.6.3　提升可再生能源气候恢复力的建议

做好可再生能源相关的气候资源普查、评价和估算。一方面，定期开展气候资源普查，尤其是对重点地区进行区域高分辨率普查，形成可再生能源相关的气候资源数据库。另一方面，摸清我国风能、太阳能等气候资源分布状况及其变化趋势，运用计算机技术、可视化技术、数据库技术开展气候资源评价工作，利用数值模拟技术进行气候资源动态评价模拟，科学估算可再生能源相关的气候资源总储量和技术可开发量。

加快可再生能源气候恢复力提升技术研发部署。得益于高分辨率气候模式等气候变化数值模拟和降尺度工具的不断发展，大数据、人工智能等算法的引入，以及高性能计算等技术的提高，可再生能源气候恢复力提升面临的科技问题将有可能得到逐步解决。利用多样本的气候模式和各种社会经济发展路径的假设，可以预估不同发展路径下的气候资源和极端天气气候的未来变化。气候模式和降尺度工具分辨率的不断提高，从全球到局地大涡尺度的多时空维度的数值模拟，增强了特定区域气候模拟的可靠性。大数据分析和人工智能等算法的引入，则进一步助力数值模型的改进和预测精度的提高，并促进气候数据、运维数据和电网数据等多源数据的融合。这多方面科技革新的智能集成将有望形成可再生能源气候变化风险防控的颠覆性技术，建成针对未来复杂气候风险的精细化、智能化的评估和预警系统，以及气候风险评估、风险区划和灾后恢复的气候恢复力提升技术体系，并将成为可再生能源系统安全、稳定、经济运行的重要技术手段，为可再生能源系统支撑碳中和目标的实现提供必要的技术储备和支撑。

参 考 文 献

蔡运龙. 1996. 全球气候变化下中国农业的脆弱性与适应对策. 地理学报, 51（3）: 202-212.

巢清尘. 2021. 碳达峰和碳中和的科学内涵及我国的政策措施, 环境与可持续发展, 46（2）: 14-19.

陈发虎, 汪亚峰, 甄晓林, 等. 2021. 全球变化下的青藏高原环境影响及应对策略研究. 中国藏学, （4）: 21-28.

陈馨, 曾维华, 何霄嘉, 等. 2016. 国际适应气候变化政策保障体系建设. 气候变化研究进展, 12（6）: 9.

陈迎. 2005. 适应问题研究的概念模型及其发展阶段. 气候变化研究进展, 1（3）: 133-136.

陈迎. 2022. 碳中和概念再辨析. 中国人口·资源与环境, 32（4）: 12.

程荣香, 张瑞强. 2000. 发展节水灌溉是我国干旱半干旱草原区人工草地建设的必然举措. 草业科学, 17（2）: 53-56.

丛建辉, 李锐, 王灿, 等. 2021. 中国应对气候变化技术清单研制的方法学比较. 中国人口·资源与环境, 31（3）: 13-23.

《第二次气候变化国家评估报告》编写委员会. 2011. 第二次气候变化国家评估报告. 北京: 科学出版社.

《第四次气候变化国家评估报告》编写委员会. 2022. 第四次气候变化国家评估报告. 北京: 科学出版社.

段居琦, 徐新武, 高清竹. 2014. IPCC 第五次评估报告关于适应气候变化与可持续发展的新认知. 气候变化研究进展, 10（3）: 197.

段晓男, 王效科, 逯非, 等. 2008. 中国湿地生态系统固碳现状和潜力. 生态学报, 28（2）: 463-469.

范丹, 孙晓婷. 2020. 环境规制、绿色技术创新与绿色经济增长. 中国人口·资源与环境, 30（6）: 105-115.

方会超, 杭爱. 2019. 基于 D-S 证据理论的辽宁省水资源短缺风险评价. 地下水, 41（2）: 125-126, 168.

付琳, 周泽宇, 杨秀. 2020. 适应气候变化政策机制的国际经验与启示. 气候变化研究进展, 16（5）: 641-651.

傅伯杰, 牛栋, 赵士洞. 2005. 全球变化与陆地生态系统研究: 回顾与展望. 地球科学进展, 20（5）: 556-560.

高江波, 焦珂伟, 吴绍洪, 等. 2017. 气候变化影响与风险研究的理论范式和方法体系. 生态学报, 37 (7): 2169-2178.

高妙妮, 翟建青, 陈梓延, 等, 2022. 气候变化对跨部门和区域关键风险研究新认知: IPCC AR6 WGⅡ解读. 大气科学学报, 45 (4): 530-538.

高媛媛, 等. 2012. 水资源安全评价模型构建与应用——以福建省泉州市为例. 自然资源学报, 27 (2): 204-214.

葛全胜, 等. 2015. 中国重点领域应对气候变化技术研究与汇编. 北京: 气象出版社.

国务院新闻办公室. 2011-12-29. 中国应对气候变化的政策与行动白皮书. http: //www. ndrc. gov. cn/gzdt/·11·W020131107539683560304. pdf.

韩荣青, 潘韬, 刘玉洁. 2012. 华北平原农业适应气候变化技术集成创新体系. 地理科学进展, 31 (11): 1537-1545.

韩宇平, 等. 2003. 串联水库联合供水的风险分析. 水利学报, 6: 14-21.

何霄嘉. 2023. 气候变化风险加剧, 适应气候变化需求迫切. 可持续发展经济导刊, (8): 12-17.

何霄嘉, 郑大玮, 许吟隆. 2017. 中国适应气候变化科技进展与新需求. 全球科技经济瞭望, 32 (2): 58-65.

黄玫, 季劲钧, 曹明奎, 等. 2006. 中国区域植被地上与地下生物量模拟. 生态学报, 26 (12): 4156-4163.

姜秋香, 周智美, 王子龙, 等. 2017. 基于水土资源耦合的水资源短缺风险评价及优化. 农业工程学报, 33 (12): 136-143.

姜彤, 王艳君, 翟建青, 等. 2018. 极端气候事件社会经济影响的风险研究: 理论, 方法与实践. 阅江学刊, 10 (1): 90-105.

姜彤, 翟建青, 罗勇, 等, 2022. 气候变化影响适应和脆弱性评估报告进展: IPCC AR5 到 AR6 的新认知. 大气科学学报, 45 (4): 502-511.

黎裕, 王建康, 邱丽娟, 等. 2010. 中国作物分子育种现状与发展前景. 作物学报, 36 (9): 1425-1430.

李克让, 曹明奎, 於琍, 等. 2005. 中国自然生态系统对气候变化的脆弱性评估. 地理研究, 24 (5): 653-663.

李阔, 何霄嘉, 许吟隆, 等. 2016. 中国适应气候变化技术分类研究. 中国人口·资源与环境, 26 (2): 18-26.

李文昌, 李建威, 谢桂青, 等. 2022. 中国关键矿产现状、研究内容与资源战略分析. 地学前缘, 29 (1): 1-13.

李文平. 1996. 农业保险的种类. 农家参谋, 9: 5.

李晓炜, 付超, 刘健, 等. 2014. 基于生态系统的适应 (EBA) ——概念、工具和案例. 地理科学进展, 33 (7): 931-937.

李永平, 于润玲, 郑运霞. 2009. 一个中国沿岸台风风暴潮数值预报系统的建立与应用. 气象学报, 67 (5): 884-891.

刘冰，薛澜．2012．"管理极端气候事件和灾害风险特别报告"对我国的启示．中国行政管理，3：92-95.

刘世荣，郭泉水，王兵．1996．大气CO_2浓度增加对生物组织结构与功能的可能影响．地理学报，51（增刊）：129-140.

刘思峰，蔡华，杨英杰，等．2013．灰色关联分析模型研究进展．系统工程理论与实践，33（8）：2041-2046.

刘燕华，葛全胜，吴文祥，等．2005．风险管理——新世纪的挑战．北京：气象出版社．

刘燕华，钱凤魁，王文涛，等．2013．应对气候变化的适应技术框架研究．中国人口·资源与环境，23（5）：1-6.

罗军刚，解建仓，阮本清．2008．基于熵权的水资源短缺风险模糊综合评价模型及应用，水利学报，1092-1097，1104.

吕新苗，郑度．2006．气候变化对长江源地区高寒草甸生态系统的影响．长江流域资源与环境，5：603-607.

潘家华，郑艳．2010．适应气候变化的分析框架及政策涵义．中国人口·资源与环境，20（10）：1-5.

潘韬，刘玉洁，张九天，等．2012．适应气候变化技术体系的集成创新机制．中国人口·资源与环境，22（11）：1-5.

彭斯震，何霄嘉，张九天，等．2015．中国适应气候变化政策现状、问题和建议．中国人口·资源与环境，25（9）：7.

《气候变化国家评估报告》编写委员会．2007．气候变化国家评估报告．北京：科学出版社．

钱凤魁，王文涛，刘燕华．2014．农业领域应对气候变化的适应措施与对策．中国人口·资源与环境，24（5）：19-24.

秦大河，张建云，闪淳昌，等．2015．中国极端天气气候事件和灾害风险管理与适应国家评估报告：精华版．北京：科学出版社．

秦大河，等．2021．气候变化科学概论．北京：科学出版社．

任继周，梁天刚，林慧龙，等．2011．草地对全球气候变化的响应及其碳汇潜势研究．草业学报，20（2）：1-22.

阮本清，梁瑞驹，陈韶君．2000．一种供用水系统的风险分析与评价方法．水利学报，9：1-7.

阮本清，韩宇平，王浩，等．2005．水资源短缺风险的模糊综合评价．水利学报，8：906-912.

生态环境部，国家发展和改革委员会，科学技术部，等．2022．国家适应气候变化战略2035.

石晓丽，陈红娟，史文娇，等．2017．基于阈值识别的生态系统生产功能风险评价：以北方农牧交错带为例．生态环境学报，26（1）：6-12.

史培军．2005．四论灾害系统研究的理论与实践．自然灾害报，14（6）：1-7.

史培军．2016．气候变化风险及其综合防范．保险理论与实践，1：69-85.

陶蕾．2014．国际气候适应制度进程及其展望．南京大学学报：哲学·人文科学·社会科学，51（2）：52-60.

汪庆庆，李永红，丁震，等．2014．南京市高温热浪与健康风险早期预警系统试运行效果评估．环境与健康杂志，31（5）：382-384．

汪勋清，刘录祥．2008．植物细胞工程研究应用与展望．核农学报，22（5）：635-639．

王国庆，乔翠平，刘铭璐，等．2020．气候变化下黄河流域未来水资源趋势分析．水利水运工程学报，（2）：1-8．

王浩，苏杨，甘泓．2013．中国水风险评估报告．北京：社会科学文献出版社．

王建华，姜大川，肖伟华，等．2017．水资源承载力理论基础探析：定义内涵与科学问题．水利学报，48（12）：1399-1409．

王克，刘俊伶．2016．中国减缓气候变化技术需求评估综合报告．

王宁，张利权，袁琳，等．2012．气候变化影响下海岸带脆弱性评估研究进展．生态学报，32（7）：2248-2258．

王艳君，高超，王安乾，等．2014．中国暴雨洪涝灾害的暴露度与脆弱性时空变化特征．气候变化研究进展，10（6）：391-398．

王雪臣．2008．中国极端气候事件的风险分析及保险适应机制研究．北京：气象出版社．

吴绍洪，潘韬，贺山峰．2011．气候变化风险研究的初步探讨．气候变化研究进展，7（5）：363-368．

吴绍洪，潘韬，杨勤业．2014．中国重大气象水文灾害风险格局与防范．北京：科学出版社，78-80．

吴绍洪，高江波，邓浩宇，等．2018．气候变化风险及其定量评估方法．地理科学进展，37（1）：28-35．

吴绍洪，尹云鹤，赵慧霞，等．2005．生态系统对气候变化适应的辨识．气候变化研究进展，3：115-118，145．

谢丽，张振克．2010．近20年中国沿海风暴潮强度、时空分布与灾害损失．海洋通报，29（6）：690-696．

许吟隆，郑大玮，李阔，等．2013．边缘性适应：一个适应气候变化新概念的提出．气候变化研究进展，9（5）：376-378．

杨耀中，彭模，刘明，等．2014．海平面上升对中国沿海地区的影响．科技资讯，3：213-214．

姚玉璧，王莺，王劲松．2016．气候变暖背景下中国南方干旱灾害风险特征及对策．生态环境学报，25（3）：432-439．

殷永元，王桂新．2004．全球气候变化评估方法及其应用．北京：高等教育出版社．

余欣，余瑞林，孙松峰，等．2022．基于 Cite Space 的生态风险评价研究进展．生态学报，42（24）：10338-10351．

云雅如，方修琦，王丽岩．2007．我国作物种植界线对气候变暖的适应性响应．作物杂志，23（3）：20-23．

曾静静，曲建升．2013．欧盟气候变化适应政策行动及其启示．世界地理研究，22（4）：117-126．

张百超，庞博，秦云，等．2022. IPCC AR6 报告关于气候恢复力发展的解读．气候变化研究进展，18（4）：460-467.

张兵，张宁，张轶凡．2011. 农业适应气候变化措施绩效评价：基于苏北 GEF 项目区 300 户农户的调查．农业技术经济，30（7）：43-49.

张东旭，周增产，卜云龙，等．2011. 植物组织培养技术应用研究进展．北方园艺，6：209-213.

张蕾，黄大鹏，杨冰韵．2016. RCP4.5 情景下中国人口对高温暴露度预估研究．地理研究，35（12）：2238-2248.

张利，周广胜，汲玉河，等．2016. 中国草地碳储量时空动态模拟研究．中国科学：地球科学，46（10）：1392-1405.

张雪艳，何霄嘉，孙傅．2015. 中国适应气候变化政策评价．中国人口·资源与环境，25（9）：5.

张镱锂，李炳元，郑度．2002. 论青藏高原范围与面积．地理研究，21（1）：1-8.

张月鸿，吴绍洪，戴尔阜，等．2008. 气候变化风险的新型分类．地理研究，27（4）：763-774.

赵东升，吴绍洪，尹云鹤．2011. 气候变化情景下中国自然植被净初级生产力分布．应用生态学报，22（4）：897-904.

郑秋红，王小玲，吴灿，等．2014. IPCC 第五次评估报告第二工作组报告中国引文计量分析．气候变化研究进展，10（3）：208-210.

郑元润，周广胜，张新时，等．1997. 中国陆地生态系统对全球变化的敏感性研究．Acta Botanica Sinica（植物学报：英文版），39（9）：837-840.

中国 21 世纪议程管理中心．2017. 国家适应气候变化科技发展战略研究．北京：科学出版社．

中国气象局．2022. 中国气象灾害年鉴 2021．北京：气象出版社．

中华人民共和国国家林业和草原局．2021. 国家林业和草原局部署风沙治理"十三五"规划实施工作．

周景博，杨小明，何霄嘉，等．2016. 气候变化适应措施的选择与偏好分析——基于青藏高原生态功能保护区的调查．气候变化研究进展，12（6）：484-493.

周立宏，宋丽瑛，王洪丽，等．2006. 扎兰屯地区近 30 年气象条件变化及与作物产量的关系．气象，32（8）：113-117.

周天军，邹立维，陈晓龙．2019. 第六次国际耦合模式比较计划（CMIP6）评述．气候变化研究进展，15（5）：445-456.

周晓农．2010. 气候变化与人体健康．气候变化研究进展，6（4）：235-240.

周枕戈，庄贵阳．2023. 碳达峰与碳中和行动的概念框架与政策应用，阅江学刊，（3）：44-56，173.

朱琦．2012. 气候变化健康脆弱性评估．华南预防医学，38（4）：69-72.

Abedin M J, Cresser M S, Meharg A A, et al. 2002. Arsenic accumulation and metabolism in rice

(*Oryza sativa* L.) . Environmental Science & Technology, 36 (5): 962-968.

Abrego N, Roslin T, Huotari T, et al. 2020. Accounting for environmental variation in co-occurrence modelling reveals the importance of positive interactions in root-associated fungal communities. Molecular Ecology, 29 (14): 2736-2746.

Aggarwal P, Vyas S, Thornton P, et al. 2019. Importance of considering technology growth in impact assessments of climate change on agriculture. Global Food Security, 23: 41-48.

Ait-Aoudia M N, Berezowska-Azzag E. 2016. Water resources carrying capacity assessment: The case of Algeria′s capital city. Habitat International, 58: 51-58.

Almario J, Jeena G, Wunder J, et al. 2017. Root-associated fungal microbiota of nonmycorrhizal Arabis alpina and its contribution to plant phosphorus nutrition. Proceedings of the National Academy of Sciences, 114 (44): E9403-E9412.

Arao T, Makino T, Kawasaki A, et al. 2018. Effect of air temperature after heading of rice on the arsenic concentration of grain. Soil Science and Plant Nutrition, 64 (3): 433-437.

Armstrong McKay D I, Staal A, Abrams J F, et al. 2022. Exceeding 1.5℃ global warming could trigger multiple climate tipping points. Science, 377 (6611): eabn7950.

Ashouri H, Hsu K L, Sorooshian S, et al. 2015. PERSIANN-CDR: Daily precipitation climate data record from multisatellite observations for hydrological and climate studies. Bulletin of the American Meteorological Society, 96 (1): 69-83.

Bauer E, Kohavi R. 1999. An empirical comparison of voting classification algorithms: Bagging, boosting, and variants. Machine Learning, 36: 105-139.

Biesbroek G R, Swart R J, Carter T R, et al. 2010. Europe adapts to climate change: Comparing national adaptation strategies. Global Environmental Change, 20 (3): 440-450.

Birgander J, Rousk J, Olsson P A. 2017. Warmer winters increase the rhizosphere carbon flow to mycorrhizal fungi more than to other microorganisms in a temperate grassland. Global Change Biology, 23 (12): 5372-5382.

Botnen S, Vik U, Carlsen T, et al. 2014. Low host specificity of root-associated fungi at an Arctic site. Molecular Ecology, 23 (4): 975-985.

Bouwer L M. 2013. Projections of future extreme weather losses under changes in climate and exposure. Risk Analysis, 33 (5): 915-930.

Boyd R, Hunt A. 2004. Costing the impacts of climate change in the UK: Overview of guidelines. UKCIP Technical Report. http://www. ukcip. org. uk/wp-content/pDFs/Costings-overview. pdf.

Breiman L. 1996. Bias, variance, and arcing classifiers. Berkeley, CA: Tech. Rep. 460, Statistics Department, University of California.

Brouwer S, Rayner T, Huitema D. 2013. Mainstreaming climate policy: The case of climate adaptation and the implementation of EU water policy. Environment and Planning C: Government and Policy, 31 (1): 134-153.

Brown A, Gawith M, Lonsdale K, et al. 2011. Managing adaptation: linking theory and practice. Oxford, UK: UK Climate Impacts Programme.

Brown C, Ghile Y, Laverty M, et al. 2012. Decision scaling: linking bottom-up vulnerability analysis with climate projections in the water sector. Water Resources Research, 48 (9): 1-12.

Carreño M L, Cardona O D, Barbat A H. 2007. Urban seismic risk evaluation: A holistic approach. Natural Hazards, 40: 137-172.

Castro H F, Classen A T, Austin E E, et al. 2010. Soil microbial community responses to multiple experimental climate change drivers. Applied and Environmental Microbiology, 76 (4): 999-1007.

Challinor A J, Watson J, Lobell D B, et al. 2014. A meta-analysis of crop yield under climate change and adaptation. Nature Climate Change, 4 (4): 287-291.

Che R, Wang S, Wang Y, et al. 2019. Total and active soil fungal community profiles were significantly altered by six years of warming but not by grazing. Soil Biology and Biochemistry, 139: 107611.

Chen C, Park T, Wang X, et al. 2019. China and India lead in greening of the world through land-use management. Nature Sustainability, 2 (2): 122-129.

Chen Y, Chen X, Ren G. 2011. Variation of extreme precipitation over large river basins in China. Advances in Climate Change Research, 2 (2): 108-114.

Chen Y, Guo F, Wang J, et al. 2020. Provincial and gridded population projection for China under shared socioeconomic pathways from 2010 to 2100. Scientific Data, 7 (1): 83.

Cheng L, Zhang N, Yuan M, et al. 2017. Warming enhances old organic carbon decomposition through altering functional microbial communities. The ISME Journal, 11 (8): 1825-1835.

Clemens S, Aarts M G M, Thomine S, et al. 2013. Plant science: The key to preventing slow cadmium poisoning. Trends in Plant Science, 18 (2): 92-99.

Clemmensen K E, Bahr A, Ovaskainen O, et al. 2013. Roots and associated fungi drive long-term carbon sequestration in boreal forest. Science, 339 (6127): 1615-1618.

Coince A, Cordier T, Lengellé J, et al. 2014. Leaf and root-associated fungal assemblages do not follow similar elevational diversity patterns. PLoS, 9 (6): e100668.

Compant S, van der Heijden, M G A, et al. 2010. Climate change effects on beneficial plant-micro-organism interactions. FEMS Microbiology Ecology, 73 (2): 197-214.

Coquard J, Duffy P, Taylor K, et al. 2004. Present and future surface climate in the western USA as simulated by 15 global climate models. Climate Dynamics, 23 (5): 455-472.

Cramer W, Bondeau A, Woodward F I, et al. 2001. Global response of terrestrial ecosystem structure and function to CO_2 and climate change: results from six dynamic global vegetation models. Global Change Biology, 7 (4): 357-373.

Cutter S L. 1996. Vulnerability to environmental hazards. Progress in Human Geography, 20 (4):

529-539.

Dai H C, Wang L L, Jiang D G. 2007. Near term water flow and silt concentration variation trend of Yangtze River before and after impounding of Three Gorges Reservoir. Journal of Hydraulic Engineering, 10: 226-231.

De Bruin K, Dellink R B, Ruijs A, et al. 2009. Adapting to climate change in The Netherlands: an inventory of climate adaptation options and ranking of alternatives. Climatic Change, 95: 23-45.

De Deyn G B, Van der Putten W H. 2005. Linking aboveground and belowground diversity. Trends in Ecology & Evolution, 20 (11): 625-633.

Deressa T T, Hassan R M, Ringler C, et al. 2009. Determinants of farmers' choice of adaptation methods to climate change in the Nile Basin of Ethiopia. Global Environmental Change, 19 (2): 248-255.

Duan Q, Phillips T J. 2010. Bayesian estimation of local signal and noise in multimodel simulations of climate change. Journal of Geophysical Research: Atmospheres, 115 (D18). doi: 10.1029/2009 JD013654.

Ehret U, Zehe E, Wulfmeyer V, et al. 2012. HESS Opinions "Should we apply bias correction to global and regional climate model data?" Hydrology and Earth System Sciences, 16 (9): 3391-3404.

Faust K, Raes J. 2012. Microbial interactions: from networks to models. Nature Reviews Microbiology, 10 (8): 538-550.

Feng J, Lee D K, Fu C, et al. 2011. Comparison of four ensemble methods combining regional climate simulations over Asia. Meteorology and Atmospheric Physics, 111: 41-53.

Field C B, Barros V R, Mastrandrea M D, et al. 2014. Climate Change 2014: Impacts, Adaptation, and Vulnerability. Part A, Global and Sectoral Aspects: Contribution of Working Group II to the Fifth Assessment Report of the Intergovernmental Panel on Climate Change. Cambridge: Cambridge University Press.

Fleig A K, Tallaksen L M, Hisdal H, et al. 2011. Regional hydrological drought in north-western Europe: linking a new Regional Drought Area Index with weather types. Hydrological Processes, 25 (7): 1163-1179.

Foden W B, Young B E, Akakaya H R, et al. 2019. Climate change vulnerability assessment of species. Wiley Interdisciplinary Reviews: Climate Change, 10 (1): e551.

Formetta G, Feyen L. 2019. Empirical evidence of declining global vulnerability to climate-related hazards. Global Environmental Change, 57: 101920.

Francioli D, van Rijssel S Q, van Ruijven J, et al. 2021. Plant functional group drives the community structure of saprophytic fungi in a grassland biodiversity experiment. Plant and Soil, 461: 91-105.

Frey S D, Drijber R, Smith H, et al. 2008. Microbial biomass, functional capacity, and community structure after 12 years of soil warming. Soil Biology and Biochemistry, 40 (11): 2904-2907.

Fujimura K E, Egger K N. 2012. Host plant and environment influence community assembly of High Arctic root-associated fungal communities. Fungal Ecology, 5 (4): 409-418.

Funfgeld H, MeEvoy D. 2011. Framing climate change adaptation in policy and practice. Victorian Centre for Climate Change Adaptation Research.

Füssel H M. 2009. An updated assessment of the risks from climate change based on research published since the IPCC Fourth Assessment Report. Climatic Change, 97 (3-4): 469.

Füssel H M, Klein R J T. 2006. Climate change vulnerability assessments: an evolution of conceptual thinking. Climatic Change, 75 (3): 301-329.

Gambarelli G, Goria A. 2004. Economic evaluation of climate change impacts and adaptation in Italy. Milan: Fondazione Eni Enrico Mattei.

Gao G, Fu B, Wang S, et al. 2016. Determining the hydrological responses to climate variability and land use/cover change in the Loess Plateau with the Budyko framework. Science of the Total Environment, 557: 331-342.

Gao J, Zhang L, Tang Z, et al. 2019. A synthesis of ecosystem aboveground productivity and its process variables under simulated drought stress. Journal of Ecology, 107 (6): 2519-2531.

Gao Q, Yang Z L. 2016. Diversity and distribution patterns of root-associated fungi on herbaceous plants in alpine meadows of southwestern China. Mycologia, 108 (2): 281-291.

Ge L, Cang L, Liu H, et al. 2015. Effects of different warming patterns on the translocations of cadmium and copper in a soil-rice seedling system. Environmental Science and Pollution Research, 22: 15835-15843.

Ge L, Cang L, Liu H, et al. 2016. Effects of warming on uptake and translocation of cadmium (Cd) and copper (Cu) in a contaminated soil-rice system under free air temperature increase (FATI). Chemosphere, 155: 1-8.

Gemmer M, Wilkes A, Vaucel L M. 2011. Governing climate change adaptation in the EU and China: an analysis of formal institutions. Advances in Climate Change Research, 2 (1): 1-11.

Geng Y, Wang L, Jin D, et al. 2014. Alpine climate alters the relationships between leaf and root morphological traits but not chemical traits. Oecologia, 175: 445-455.

Ghosh S, Mujumdar P P. 2006. Risk minimization in water quality control problems of a river system. Advances in Water Resources, 29 (3): 458-470.

Giorgi F, Coppola E. 2010. Does the model regional bias affect the projected regional climate change? An analysis of global model projections: a letter. Climatic Change, 100 (3-4): 787-795.

Giorgi F, Francisco R. 2000. Evaluating uncertainties in the prediction of regional climate change. Geophysical Research Letters, 27 (9): 1295-1298.

Giorgi F, Mearns L O. 2002. Calculation of average, uncertainty range, and reliability of regional climate changes from AOGCM simulations via the "reliability ensemble averaging" (REA) method.

Journal of Climate, 15 (10): 1141-1158.

Gustave W, Yuan Z F, Ren Y X, et al. 2019. Arsenic alleviation in rice by using paddy soil microbial fuel cells. Plant and Soil, 441: 111-127.

Hagedorn R, Doblas-Reyes F J, Palmer T N. 2005. The rationale behind the success of multi-model ensembles in seasonal forecasting—I. Basic concept. Tellus A: Dynamic Meteorology and Oceanography, 57 (3): 219-233.

Han J G, Zhang Y J, Wang C J, et al. 2008. Rangeland degradation and restoration management in China. The Rangeland Journal, 30 (2): 233-239.

Hao A H, Xue X, Peng F, et al. 2020. Different vegetation and soil degradation characteristics of a typical grassland in the Qinghai-Tibetan Plateau. Acta Ecologica Sinica, 40 (3): 964-975.

Hardee K, Mutunga C. 2010. Strengthening the link between climate change adaptation and national development plans: Lessons from the case of population in National Adaptation Programmes of Action (NAPAs). Mitigation and Adaptation Strategies for Global Change, 15: 113-126.

Harrison J G, Griffin E A. 2020. The diversity and distribution of endophytes across biomes, plant phylogeny and host tissues: How far have we come and where do we go from here? Environmental microbiology, 22 (6): 2107-2123.

Hashimoto T, Stedinger J R, Loucks D P. 1982. Reliability, resiliency, and vulnerability criteria for water resource system performance evaluation. Water Resources Research, 18 (1): 14-20.

Hassani M, Durán P, Hacquard S. 2018. Microbial interactions within the plant holobiont. Microbiome, 6 (1): 1-17.

Haupt S E, Pasini A, Marzban C. 2008. Artificial Intelligence Methods in the Environmental Sciences. Berlin: Springer.

He X J, 2017. Information on impacts of climate change and adaptation in China. Journal of Environmental Informatics, 29 (2): 110-121.

Hempel S, Frieler K, Warszawski L, et al. 2013. A trend-preserving bias correction - the ISI-MIP approach. Earth System Dynamics, 4 (2): 219-236.

Hsieh H I, Su M D, Wu Y C, et al. 2016. Water shortage risk assessment using spatiotemporal flow simulation. Geoscience Letters, 3 (1): 1-14.

Hu Y, Song L, Liu A. 2008. The comparison of climatic characters for tropical cyclone landfall over the different regions in China. Atmospheric Science Research and Application, 1: 1-7.

Huang S, Huang Q, Chang J, et al. 2015. Drought structure based on a nonparametric multivariate standardized drought index across the Yellow River basin, China. Journal of Hydrology, 530: 127-136.

Huang S, Huang Q, Chang J, et al. 2016. Linkages between hydrological drought, climate indices and human activities: a case study in the Columbia River basin. International Journal of Climatology, 36 (1): 280-290.

Hulme M, Dessai S. 2008. Predicting, deciding, learning: can one evaluate the 'success' of national climate scenarios? Environmental Research Letters, 3 (4): 045013.

IPCC. 2007a. Climate change 2007: Impacts, adaptation and vulnerability. Contribution of working group II to the fourth assessment report of the Intergovernmental Panel on Climate Change. Cambridge, UK: Cambridge University Press.

IPCC. 2007b. Climate Change 2007: the Physical Science Basis: Summary for Policy Makers. Cambridge, UK: Cambridge University Press.

IPCC. 2012. Managing the risks of extreme events and disasters to advance climate change adaptation: A Special Report of Working Groups I and II of the Intergovernmental Panel on Climate Change. Cambridge, UK and New York, USA: Cambridge University Press.

IPCC. 2014. The contribution to the IPCC's fifth assessment report (WGII AR5).

IPCC. 2022. AR6 Synthesis Report: Climate Change 2022: Impacts, Adaptation and Vulnerability. Cambridge, UK and New York, USA: Cambridge University Press.

IPCC. 2023. AR6 Synthesis Report: Climate Change 2023. Cambridge, UK and New York, USA: Cambridge University Press.

ISO. 2009. ISO guide 73: 2009. Geneva: International Standards Organization.

Jiang S, Ling N, Ma Z, et al. 2021. Short-term warming increases root-associated fungal community dissimilarities among host plant species on the Qinghai-Tibetan Plateau. Plant and Soil, 466: 597-611.

Jiang T, Su B, Wang Y, et al. 2022. Gridded datasets for population and economy under Shared Socioeconomic Pathways for 2020-2100. Climate Chang Research, 18: 381-383.

JICA, 2010. Direction of JICA's operation addressing climate change. Tokyo: JICA.

Jones R. 2004. When do POETS become dangerous. Proceedings of IPCC workshop on describing scientific uncertainties in climate change to support analysis of risk and of options, Maynooth, Ireland: National University of Ireland.

Jones R. 2010. A risk management approach to climate change adaptation. Climate change adaptation in New Zealand: Future scenarios and some sectoral perspectives.

Jones R, Boer R, Magezi S, et al. 2004. Assessing current climate risks. Adaptation Policy Framework for Climate change: Developing strategies, policies and measures, UNDP. Cambridge, UK: Cambridge University Press.

Jones R N, Hennessy K J. 1999. Climate change impacts in the Hunter Valley. CSIRO Atmospheric Research, 47 (1-2): 91-115.

Jones R N, Preston B L. 2010. Adaptation and risk management: climate change working paper No. 15. Melbourne: Centre for Strategic Economic Studies, Victoria University.

Kalantari N, Pawar N J, Keshavarzi M R. 2009. Water resource management in the intermountain Izeh Plain, Southwest of Iran. Journal of Mountain Science, 6: 25-41.

Kinnunen-Grubb M, Sapkota R, Vignola M, et al. 2020. Breeding selection imposed a differential selective pressure on the wheat root-associated microbiome. FEMS Microbiology Ecology, 96 (11): fiaa196.

Kohavi R, Kunz C. 1997. Option decision trees with ma jority votes//Fisher D. Machine Learning: Proceedings of the Fourteenth International Conference. Burlington, MA: Morgan Kaufmann Publishers.

Kong D, Miao C, Wu J, et al. 2016. Impact assessment of climate change and human activities on net runoff in the Yellow River Basin from 1951 to 2012. Ecological Engineering, 91: 566-573.

Koyama A, Maherali H, Antunes P M. 2019. Plant geographic origin and phylogeny as potential drivers of community structure in root-inhabiting fungi. Journal of Ecology, 107 (4): 1720-1736.

Kummu M, Ward P J, De Moel H, et al. 2010. Is physical water scarcity a new phenomenon? Global assessment of water shortage over the last two millennia. Environmental Research Letters, 5 (3): 034006.

Lai Y, Li J, Niu F, et al. 2015. Nonlinear thermal analysis for Qing-Tibet railway embankments in cold regions. Journal of Cold Regions Engineering, 17 (4): 171-184.

Lempert R J, Groves D G. 2010. Identifying and Evaluating Robust Adaptive Policy Responses to Climate Change for Water Management Agencies in the American West. Technological Forecasting and Social Change, 77: 960-974.

Li K, Wu S, Dai E, et al. 2012. Flood loss analysis and quantitative risk assessment in China. Natural Hazards, 63 (2): 737-760.

Li L, Wu S X, Zhu X D, et al. 2008. Response of the plateau lakes to changes of climate and frozen earth environment in the headwaters of the Yellow River since the 21st century. J Nat Resour, 23 (2): 245-253.

Li Q Y, Pan X B. 2012. The impact of climate change on boundary shift of farming pasture ecotone in northern China. Journal of Arid Land Resources and Environment, 26 (10): 1-6.

Lian Y, Gao C, Shen B, et al. 2007. Climate change and its impact on grain production in Jilin Province. Adv. Clim. Change Res. , 3 (1): 46-49.

Lian Y, Gao Z, Shen B, et al. 2008. Climate change and its impacts on grain production in Jilin Province. Advances in Climate Change Research, 4: 56.

Littell J S, Peterson D L, Millar C I, et al. 2011. US National Forests adapt to climate change through Science-Management partnerships. Climatic Change, 110 (1-2): 269-296.

Liu J H, Gao J X. 2009. Effects of climate and land use change on the changes of NPP in the farming-pastoral ecotone of Northern China. Resources Science, 31 (3): 493-500.

Liu J, Mooney H, Hull V, et al. 2015. Systems integration for global sustainability. Science, 347 (6225): 1258832.

Liu W J, Zhu Y G, Smith F A. 2005. Effects of iron and manganese plaques on arsenic uptake by rice seedlings（Oryza sativa L.）grown in solution culture supplied with arsenate and arsenite. Plant and Soil, 277: 127-138.

Liu X, Liu C, Brutsaert W. 2016. Regional evaporation estimates in the eastern monsoon region of C hina: Assessment of a nonlinear formulation of the complementary principle. Water Resources Research, 52（12）: 9511-9521.

Liu X, Yang T, Hsu K, et al. 2017. Evaluating the streamflow simulation capability of PERSIANN- CDR daily rainfall products in two river basins on the Tibetan Plateau. Hydrology and Earth System Sciences, 21（1）: 169-181.

Liu Z, Wang Y, Shao M, et al. 2016. Spatiotemporal analysis of multiscalar drought characteristics across the Loess Plateau of China. Journal of Hydrology, 534: 281-299.

Lorberau K E, Botnen S S, Mundra S, et al. 2017. Does warming by open- top chambers induce change in the root- associated fungal community of the arctic dwarf shrub Cassiope tetragona （Ericaceae）? Mycorrhiza, 27: 513-524.

Lu L, Lin H L, Liu Q Y. 2010. Risk map for dengue fever outbreaks based on meteorological factors. Advances in Climate Change Research, 6（4）: 254-258.

Lu M, Zhou X, Yang Q, et al. 2013. Responses of ecosystem carbon cycle to experimental warming: a meta- analysis. Ecology, 94（3）: 726-738.

Ma R, Jiang Z. 2006. Impacts of environmental degradation on wild vertebrates in the Qinghai Lake drainage. Acta Ecolica Sinogic, 26: 3066-3073.

Ma Z, Liu H, Mi Z, et al. 2017. Climate warming reduces the temporal stability of plant community biomass production. Nature Communications, 8（1）: 15378.

Maciá- Vicente J G, Nam B, Thines M. 2020. Root filtering, rather than host identity or age, determines the composition of root- associated fungi and oomycetes in three naturally co- occurring Brassicaceae. Soil Biology and Biochemistry, 146: 107806.

Mao D, Wang Z, Song K, et al. 2011. The vegetation NDVI variation and its responses to climate change and LUCC from 1982 to 2006 year in northeast permafrost region. China Environmental Science, 31（2）: 283-292.

Melillo J M, Steudler P A, Aber J D, et al. 2002. Soil warming and carbon- cycle feedbacks to the climate system. Science, 298（5601）: 2173-2176.

Meng F, Zhang L, Zhang Z, et al. 2019. Opposite effects of winter day and night temperature changes on early phenophase. Ecology, 100（9）: e02775.

Miao C, Ni J, Borthwick A G L, et al. 2011. A preliminary estimate of human and natural contributions to the changes in water discharge and sediment load in the Yellow River. Global and Planetary Change, 76（3-4）: 196-205.

Miao C, Duan Q, Sun Q, et al. 2013. Evaluation and application of Bayesian multi-model estimation in temperature simulations. Progress in Physical Geography, 37（6）: 727-744.

Miao C, Duan Q, Sun Q, et al. 2014. Assessment of CMIP5 climate models and projected temperature changes over Northern Eurasia. Environmental Research Letters, 9 (5): 055007.

Miao C, Ashouri H, Hsu K L, et al. 2015. Evaluation of the PERSIANN- CDR daily rainfall estimates in capturing the behavior of extreme precipitation events over China. Journal of Hydrometeorology, 16 (3): 1387-1396.

Miao C, Kong D, Wu J, et al. 2016. Functional degradation of the water-sediment regulation scheme in the lower Yellow River: Spatial and temporal analyses. Science of the Total Environment, 551: 16-22.

Min S K, Hense A. 2006. A Bayesian assessment of climate change using multimodel ensembles. Part I: Global mean surface temperature. Journal of Climate, 19 (13): 3237-3256.

Min S K, Hense A. 2007. A Bayesian assessment of climate change using multimodel ensembles. Part II: Regional and seasonal mean surface temperatures. Journal of Climate, 20 (12): 2769-2790.

Mishra A K, Singh V P. 2010. A review of drought concepts. Journal of Hydrology, 391 (1-2): 202-216.

Muehe E M, Wang T, Kerl C F, et al. 2019. Rice production threatened by coupled stresses of climate and soil arsenic. Nature Communications, 10 (1): 4985.

Nasiri H, Mohd Yusof M J, Mohammad Ali T A. 2016. An overview to flood vulnerability assessment methods. Sustainable Water Resources Management, 2 (3): 331-336.

Neumann R B, Seyfferth A L, Teshera- Levye J, et al. 2017. Soil warming increases arsenic availability in the rice rhizosphere. Agricultural & Environmental Letters, 2 (1): 170006.

Nguyen D Q, Schneider D, Brinkmann N, et al. 2020. Soil and root nutrient chemistry structure root- associated fungal assemblages in temperate forests. Environmental Microbiology, 22 (8): 3081-3095.

Nottage R A C, Wratt D S, Bornman J F, et al. 2010. Climate change adaptation in New Zealand: Future scenarios and some sectoral perspectives. New Zealand Climate Change Centre.

Ockwell D, Sagar A, De Coninck H. 2015. Collaborative research and development (R&D) for climate technology transfer and uptake in developing countries: Towards a need driven approach. Climatic Change, 131 (3): 401-415.

Ogden A E, Innes J L. 2009. Adapting to climate change in the southwest Yukon: locally identified research and monitoring needs to support decision making on sustainable forest management. Arctic, 62 (2): 159-174.

Olsrud M, Carlsson B, Svensson B M, et al. 2010. Responses of fungal root colonization, plant cover and leaf nutrients to long- term exposure to elevated atmospheric CO_2 and warming in a subarctic birch forest understory. Global Change Biology, 16 (6): 1820-1829.

Olén N B, Lehsten V. 2022. High- resolution global population projections dataset developed with CMIP6 RCP and SSP scenarios for year 2010-2100. Data in Brief, 40: 107804.

Opitz D W, Maclin R F. 1997. An empirical evaluation of bagging and boosting for artificial neural networks//Proceedings of International Conference on Neural Networks (ICNN'97). IEEE, 3: 1401-1405.

Phillips T J, Gleckler P J. 2006. Evaluation of continental precipitation in 20th century climate simulations: The utility of multimodel statistics. Water Resources Research, 42, WO3202, doi: 10. 1029/2005WR004313.

Preston B L, Westaway R M, Yuen E J. 2011. Climate adaptation planning in practice: An evaluation of adaptation plans from three developed nations. Mitigation and Adaptation Strategies for Global Change, 16: 407-438.

Qian Y J, Li S Z, Wang Q, et al. 2010. Advances on impact of climate change on human health. Advances in Climate Change Research, 6 (4): 241-247.

Rajkumar M, Prasad M N V, Swaminathan S, et al. 2013. Climate change driven plant- metal-microbe interactions. Environment International, 53: 74-86.

Rasmussen P U, Bennett A E, Tack A J M. 2020. The impact of elevated temperature and drought on the ecology and evolution of plant- soil microbe interactions. Journal of Ecology, 108 (1): 337-352.

Raäisaänen J. 2007. How reliable are climate models? Tellus A: Dynamic Meteorology and Oceanography, 59 (1): 2-29.

Ren G, Jiang T, Li W J, et al. 2008. An integrated assessment of climate change impacts on China's water resources. Advance Water Science, 19 (6): 772-779.

Ren L, Shen H, Yuan F, Zhao C, et al. 2016. Hydrological drought characteristics in the Weihe catchment in a changing environment. Advance Water Science, 27 (4): 492-500.

Robinson C H, Wookey P A, Parker T C. 2020. Root- associated fungi and carbon storage in Arctic ecosystems. New Phytologist, 226 (1): 8-10.

Rodriguez P A, Rothballer M, Chowdhury S P, et al. 2019. Systems biology of plant-microbiome interactions. Molecular Plant, 12 (6): 804-821.

Rudgers J A, Afkhami M E, Bell-Dereske L, et al. 2020. Climate disruption of plant-microbe interactions. Annual Review of Ecology, Evolution, and Systematics, 51: 561-586.

Ryu J H, Svoboda M D, Lenters J D, et al. 2010. Potential extents for ENSO- driven hydrologic drought forecasts in the United States. Climatic Change, 101 (3-4): 575-597.

Salt D E, Prince R C, Pickering I J, et al. 1995. Mechanisms of cadmium mobility and accumulation in Indian mustard. Plant Physiology, 109 (4): 1427-1433.

Schlenker W, Roberts M J. 2009. Nonlinear temperature effects indicate severe damages to US crop yields under climate change. Proceedings of the National Academy of Sciences, 106 (37): 15594-15598.

Semenova T A, Morgado L N, Welker J M, et al. 2015. Long- term experimental warming alters community composition of ascomycetes in Alaskan moist and dry arctic tundra. Molecular Ecology, 24 (2): 424-437.

Shi L, Chu E, Anguelovski I, et al. 2016. Roadmap towards justice in urban climate adaptation research. Nature Climate Change, 6 (2): 131-137.

Shi S Q, Chen Y Q, Yao Y M, et al. 2008. Impact assessment of cultivated land change upon grain productive capacity in Northeast China. Acta Geographica Sinica, 63 (6): 574-586.

Shi X, Chen T, Yu K. 2008. Sea-level changes in Zhujiang estuary over last 40 years. Marine Geology & Quaternary Geology, 28 (1): 127-134.

Shi Y, Zhang K, Li Q, et al. 2020. Interannual climate variability and altered precipitation influence the soil microbial community structure in a Tibetan Plateau grassland. Science of the Total Environment, 714: 136794.

Sitch S, Huntingford C, Gedney N, et al. 2008. Evaluation of the terrestrial carbon cycle, future plant geography and climate-carbon cycle feedbacks using five Dynamic Global Vegetation Models (DGVMs). Global Change Biology, 14 (9): 2015-2039.

Snell S E, Gopal S, Kaufmann R K. 2000. Spatial interpolation of surface air temperatures using artificial neural networks: Evaluating their use for downscaling GCMs. Journal of Climate, 13 (5): 886-895.

Sun Q, Kong D, Miao C, et al. 2014. Variations in global temperature and precipitation for the period of 1948 to 2010. Environmental Monitoring and Assessment, 186: 5663-5679.

Sun Q, Miao C, Duan Q. 2015. Projected changes in temperature and precipitation in ten river basins over China in 21st century. International Journal of Climatology, 35 (6): 1125-1141.

Sun Y, Zhang X Q, Zheng D. 2010. The impact of climate warming on agricultural climate resources in the arid region of Northwest China. Journal of Natural Resources, 25 (7): 1153-1162.

Sweeney C J, de Vries F T, van Dongen B E, et al. 2021. Root traits explain rhizosphere fungal community composition among temperate grassland plant species. New Phytologist, 229 (3): 1492-1507.

Tan K, Ciais P, Piao S, et al. 2010. Application of the ORCHIDEE global vegetation model to evaluate biomass and soil carbon stocks of Qinghai-Tibetan grasslands. Global Biogeochemical Cycles, 24 (1): GB1013.

Tao F, Zhang S, Zhang Z. 2012. Spatiotemporal changes of wheat phenology in China under the effects of temperature, day length and cultivar thermal characteristics. European Journal of Agronomy, 43: 201-212.

Tao Y, Yang T, Faridzad M, et al. 2018. Non-stationary bias correction of monthly CMIP5 temperature projections over China using a residual-based bagging tree model. International Journal of Climatology, 38 (1): 467-482.

Tebaldi C, Knutti R. 2007. The use of the multi-model ensemble in probabilistic climate projections.

Philosophical Transactions of the Royal Society A: Mathematical, Physical and Engineering Sciences, 365 (1857): 2053-2075.

The World Bank. 2006. Managing climate risk: integrating adaptation into world bank group operations. Washington, DC: The World Bank.

Toju H, Sato H, Yamamoto S, et al. 2013. How are plant and fungal communities linked to each other in belowground ecosystems? A massively parallel pyrosequencing analysis of the association specificity of root-associated fungi and their host plants. Ecology and Evolution, 3 (9): 3112-3124.

Torres R R, Marengo J A. 2013. Uncertainty assessments of climate change projections over South America. Theoretical and Applied Climatology, 112: 253-272.

Trigo R M, Palutikof J P. 1999. Simulation of daily temperatures for climate change scenarios over Portugal: a neural network model approach. Climate Research, 13 (1): 45-59.

Trivedi P, Leach J E, Tringe S G, et al. 2020. Plant-microbiome interactions: from community assembly to plant health. Nature Reviews Microbiology, 18 (11): 607-621.

UNFCCC Secretariat. 2006. First synthesis report on technology needs identified by parties not included in annex I to the convention. Bonn: UNFCCC.

United Nations Environment Programme. 2022. Emissions Gap Report 2022. https://www.unep.org/zhhans/resources/2022nianpaifangchajubaogao.

Urban F. 2018. China's rise: Challenging the North-South technology transfer paradigm for climate change mitigation and low carbon energy. Energy Policy, 113: 320-330.

Urwin K, Jordan A. 2008. Does Public Policy Support or Undermine Climate Change Adaptation? Exploring Policy Interplay Across Different Scales of Governance. Global Environmental Change, 18: 180-191.

Van Der Heijden M G A, Streitwolf-Engel R, Riedl R, et al. 2006. The mycorrhizal contribution to plant productivity, plant nutrition and soil structure in experimental grassland. New Phytologist, 172 (4): 739-752.

Van Minnen J G, Onigkeit J, Alcamo J. 2002. Critical climate change as an approach to assess climate change impacts in Europe: Development and application. Environmental Science & Policy, 5 (4): 335-347.

Vives-Peris V, De Ollas C, Gómez-Cadenas A, et al. 2020. Root exudates: From plant to rhizosphere and beyond. Plant Cell Reports, 39: 3-17.

Walker J F, Aldrich-Wolfe L, Riffel A, et al. 2011. Diverse Helotiales associated with the roots of three species of Arctic Ericaceae provide no evidence for host specificity. New Phytologist, 191 (2): 515-527.

Walker T W N, Kaiser C, Strasser F, et al. 2018. Microbial temperature sensitivity and biomass change explain soil carbon loss with warming. Nature Climate Change, 8 (10): 885-889.

Wang C, Zhao X, Zi H, et al. 2017. The effect of simulated warming on root dynamics and soil microbial community in an alpine meadow of the Qinghai-Tibet Plateau. Applied Soil Ecology, 116: 30-41.

Wang J, Feng L, Palmer P I, et al. 2020. Large Chinese land carbon sink estimated from atmospheric carbon dioxide data. Nature, 586 (7831): 720-723.

Wang Q, Chen L, Xu H, et al. 2021. The effects of warming on root exudation and associated soil N transformation depend on soil nutrient availability. Rhizosphere, 17: 100263.

Wang T, Sun F. 2022. Global gridded GDP data set consistent with the shared socioeconomic pathways. Scientific Data, 9 (1): 221.

Wang X, Peng B, Tan C, et al. 2015. Recent advances in arsenic bioavailability, transport, and speciation in rice. Environmental Science and Pollution Research, 22: 5742-5750.

Wang Z, Jiang Y, Deane D C, et al. 2019. Effects of host phylogeny, habitat and spatial proximity on host specificity and diversity of pathogenic and mycorrhizal fungi in a subtropical forest. New Phytologist, 223 (1): 462-474.

Wassmann R, Jagadish S V K, Heuer S, et al. 2009. Climate change affecting rice production: the physiological and agronomic basis for possible adaptation strategies. Advances in Agronomy, 101: 59-122.

Weber F A, Hofacker A F, Voegelin A, et al. 2010. Temperature dependence and coupling of iron and arsenic reduction and release during flooding of a contaminated soil. Environmental Science & Technology, 44 (1): 116-122.

Wehner J, Powell J R, Muller L A H, et al. 2014. Determinants of root-associated fungal communities within A steraceae in a semi-arid grassland. Journal of Ecology, 102 (2): 425-436.

Wheeler T, von Braun J. 2013. Climate change impacts on global food security. Science, 341 (6145): 508-513.

Willows R I, Connell R K. 2003. Climate adaptation: Risk, Uncertainty and Decision-making. Oxford: UKCIP Technical Report.

WMO. 2023. The State of the Global Climate 2022. Geneva: World Meteorological Organization.

Wu J, Miao C, Wang Y, et al. 2017. Contribution analysis of the long-term changes in seasonal runoff on the Loess Plateau, China, using eight Budyko-based methods. Journal of Hydrology, 545: 263-275.

Wu J, Miao C, Tang X, et al. 2018. A nonparametric standardized runoff index for characterizing hydrological drought on the Loess Plateau, China. Global & Planetary Change, 161 (FEB.): 53-65.

Wu S, Yin Y, Zhao D, et al. 2010. Impact of future climate change on terrestrial ecosystems in China. International Journal of Climatology: A Journal of the Royal Meteorological Society, 30 (6): 866-873.

Wu S, Huang J, Liu Y, et al. 2014. Pros and cons of climate change in China. Chinese Journal of Population Resources and Environment, 12 (2): 95-102.

Wu S H, Pan T, Liu Y H, et al. 2018. Orderly adaptation to climate change: A roadmap for the post-Paris Agreement Era. Science China Earth Sciences, 61: 119-122.

Wu W, Yin S, Liu H, et al. 2014. Groundwater vulnerability assessment and feasibility mapping under reclaimed water irrigation by a modified DRASTIC model. Water Resources Management, 28: 1219-1234.

Xie P, Chen M, Yang S, et al. 2007. A gauge-based analysis of daily precipitation over East Asia. Journal of Hydrometeorology, 8 (3): 607-626.

Xu Z, Yang Z L. 2012. An improved dynamical downscaling method with GCM bias corrections and its validation with 30 years of climate simulations. Journal of Climate, 25 (18): 6271-6286.

Xue S, Jiang X, Wu C, et al. 2020. Microbial driven iron reduction affects arsenic transformation and transportation in soil-rice system. Environmental Pollution, 260: 114010.

Yang G, Yan K, Zhou X. 2010a. Assessment models for impact of climate change on vector-vorne diseases transmission. Advance Climate Change Research, 6 (4): 259-264.

Yang K, Pan J, Yang G, et al. 2010b. Projection of the transmission scale and intensity of schistosomia-sis in China under A2 and B2 climate change scenarios. Advance Climate Change Research, 6 (4): 248-253.

Yang T, Gao X, Sellars S L, et al. 2015. Improving the multi-objective evolutionary optimization algorithm for hydropower reservoir operations in the California Oroville- Thermalito complex. Environmental Modelling & Software, 69: 262-279.

Yang T, Gao X, Sorooshian S, et al. 2016. Simulating California reservoir operation using the classi-fication and regression-tree algorithm combined with a shuffled cross-validation scheme. Water Resources Research, 52 (3): 1626-1651.

Yang T, Adams J M, Shi Y, et al. 2017. Soil fungal diversity in natural grasslands of the Tibetan Plateau: associations with plant diversity and productivity. New Phytologist, 215 (2): 756-765.

Yang T, Tao Y, Li J, et al. 2018. Multi-criterion model ensemble of CMIP5 surface air temperature over China. Theoretical and Applied Climatology, 132: 1057-1072.

Ye D, Yan Z. 2009. On Orderly adaptation to global warming. Acta Meteorologica Sinica, 23 (3): 261-262.

Yin H, Li Y, Xiao J, et al. 2013. Enhanced root exudation stimulates soil nitrogen transformations in a subalpine coniferous forest under experimental warming. Global Change Biology, 19 (7): 2158-2167.

Yuan H, Wan Q, Huang Y, et al. 2021. Warming facilitates microbial reduction and release of arsenic in flooded paddy soil and arsenic accumulation in rice grains. Journal of Hazardous Materials, 408: 124913.

Yuan J W, Ni J. 2007. Plant signals and ecological evidences of climate change in China. Arid Land Geography, 30 (4): 465-474.

Zanis P, Kapsomenakis I, Philandras C, et al. 2009. Analysis of an ensemble of present day and future regional climate simulations for Greece. International Journal of Climatology: A Journal of the Royal Meteorological Society, 29 (11): 1614-1633.

Zhang D, Qian Z. 2008. Analysis of extreme events in China's temperature in recent 50 years using detecting method based on median. Acta Physica Sinica, 57 (7): 6435-6440.

Zhang J, Zhang S, Wang J, et al. 2007. Study on run-off trends of the six large basins in China over the past 50 years. Advance Water Science, 18 (2): 230-234.

Zhang Q, Zhang J, Yan D, et al. 2013. Dynamic risk prediction based on discriminant analysis for maize drought disaster. Natural Hazards, 65: 1275-1284.

Zhang S F, Meng X J, Hua D, et al. 2011. Water shortage risk assessment in the Haihe River Basin, China. Journal of Resources and Ecology, 2 (4): 362-369.

Zhang X, Lei J. 2006. Trend of urban system structure under the restriction of water and land resources in Xinjiang. Chinese Science Bulletin, 51: 179-188.

Zhao D S, Wu S H. 2014. Vulnerability of natural ecosystem in China under regional climate scenarios: an analysis based on eco-geographical regions. Journal of Geographical Sciences, 24 (2): 237-248.

Zhao H. 2007. Recent 45 years climate change and its effects on ecological environment on Hulunbeier sandy land. Chinese Journal of Ecology, 26 (11): 1817-1821.

Zhou X N, Guo J G, Wu X H, et al. 2007. Epidemiology of schistosomiasis in the People's Republic of China, 2004. Emerging Infectious Diseases, 13 (10): 1470.